Heidelberger Taschenbücher Band 86

Selecta Mathematica

Herausgegeben von Konrad Jacobs

III

N. G. de Bruijn

Pólyas Abzähl-Theorie: Muster für Graphen und chemische Verbindungen

---

G. Ringel

Das Kartenfärbungsproblem

A. Beck und M. N. Bleicher

Einlagerungen konvexer Mengen in eine ähnliche Menge

K. Jacobs

Extremalpunkte konvexer Mengen

H. R. Müller

Trochoidenhüllbahnen und Rotationskolbenmaschinen

Springer-Verlag Berlin Heidelberg New York 1971

Mit 51 Abbildungen

AMS Subject Classification (1970)
05-01, 05A15, 05D30, 05C05, 05C15, 42A88, 52-01, 52A40, 52A45, 53-01, 53A05

ISBN 3-540-05333-6 Springer-Verlag Berlin Heidelberg New York
ISBN 0-387-05333-6 Springer-Verlag New York Heidelberg Berlin

 Library of Congress Catalog Card Number 70-150963.

Satz-, Druck- und Bindearbeiten: Zechnersche Buchdruckerei, Speyer

Vorwort zu 'Selecta Mathematica III'

Die Themen dieses Bandes stammen aus der Geometrie. Es gibt Mathematiker und Pädagogen, die die Entwicklung dieses von Anfang an der Anschauung verbundenen Teilgebiets der Mathematik zu einer Filiale der Algebra und Kombinatorik mit Resignation verfolgen. Freilich muß man sich eingestehen, daß schon der von den Griechen geleistete Übergang von anschaulichen Problemen zu logisch zwingenden allgemeinen Lösungen ein erster Schritt in dieser Richtung war. Das bedeutet jedoch nicht, daß die Geometrie die Verbindung zur Anschauung endgültig lösen müsse. In der Tat können wir jenen ersten Übergang auch heute noch in bestimmten Teilen der geometrischen Forschung unmittelbar beobachteten, und der Leser dieses Buches wird dies an zahlreichen Stellen bestätigt finden.

Ein Geometer, der heute eine anschaulich gegebene Fragestellung in exakte Mathematik übersetzt, verfügt freilich über ein seit Pythagoras und Euklid gewaltig angewachsenes Arsenal an Methoden. Seit Descartes auf den Gedanken kam, eine Isomorphie zwischen geometrischen und algebraischen Strukturen herzustellen, kann man die Methoden der Algebra, heute in Gruppentheorie, Körpertheorie, Ringtheorie und homologischer Algebra zu breiter Fülle ausgebildet, zur Lösung geometrischer Probleme heranziehen. Dasselbe Isomorphieprinzip macht auch die Infinitesimalrechnung für die Geometrie fruchtbar. In der Theorie der konvexen Körper vereinigen sich Algebra, Analysis und Geometrie zu gegenseitigem Nutzen.

Der Beitrag „Pólyas Abzähltheorie: Muster für Graphen und chemische Verbindungen" von N. G. de Bruijn bringt den Kernbestand von Pólyas berühmter Arbeit aus Bd. 68 der Acta Mathematica (1937) in der heute erreichten schnellen und eleganten Form. Hier hatte das Problem der Anzahlbestimmung chemischer Isomeren den Anlaß gegeben; Permutationsgruppen liefern die entscheidenden Ordnungsprinzipien, aber die Anschauung bleibt überall präsent; für chemisch Interessierte sei J. Lederbergs Artikel „Topology of Molecules" in dem Sammelband ‚The Mathematical Sciences' (M.I.T. Press 1969) als Parallel-Lektüre empfohlen.

Vor wenigen Jahren wurde das berühmte Vierfarben-Problem durch Arbeiten von Gustin, Mayer, Ringel, Terry, Welch und Youngs endgültig eingekreist: der Beweis der sogenannten Heawoodschen Vermutung lieferte für alle geschlossenen orientierbaren Flächen vom Geschlecht $p \geqq 1$ die Formel $\chi(F_p) = \left[\frac{7+\sqrt{1+48p}}{2}\right]$ für die minimale Zahl der Farben, die zum Färben beliebiger vernünftiger Karten auf diesen Flächen genügen. Einzig der klassische Fall $p=0$, der der Kugel und damit der Ebene entspricht, ist jetzt noch ungelöst. G. Ringels Beitrag über Kartenfärbungsprobleme führt in den Problemkreis ein und demonstriert die zum Beweis der Heawoodschen Vermutung führende Methode an einem typischen Fall.

Mit dem Beitrag „Einlagerungen konvexer Mengen in eine ähnliche Menge" von A. Beck und M. Bleicher übernehmen wir ausnahmsweise eine nur leicht bearbeitete, soeben erschienene Originalabhandlung. Selten kann man das Voranschreiten von einer anschaulichen Fragestellung zu einem tiefen allgemeinen Satz, mit gleichzeitigem Ausblick auf ein klassisches Thema (Figuren konstanter Breite, vgl. auch den betreffenden Beitrag in Rademacher-Toeplitz „Von Zahlen und Figuren" (Heidelberger Taschenbücher, Bd. 50)) in einer einzelnen Arbeit so vollständig verfolgen wie hier. Wie oft in der sogenannten Lagerungsgeometrie besteht die Leistung in der Erfindung einer raffinierten Kombination klassischer Methoden aus der euklidischen Geometrie und der Theorie der konvexen Körper.

Die Elemente der letztgenannten Theorie werden in meinem Beitrag „Extremalpunkte konvexer Mengen" von Grund auf entwickelt, um einen vollständigen Beweis des Extremalpunktsatzes von Minkowski zu ermöglichen. Ein Hauptzweck dieses Beitrages ist jedoch, in die zahlreichen Anwendungen, die dieser alte Satz in seinen neueren Verallgemeinerungen durch Krein-Milman und Choquet gefunden hat, einzuführen. Es geht hier weniger um Geometrie im ursprünglichen Sinne, als um das befruchtende Überspringen einer einfachen geometrischen Idee in die Funktionalanalysis.

Der Antwort der Geometrie auf ein bekanntes technisches Problem ist der Beitrag „Trochoidenhüllbahnen und Rotationskolbenmaschinen" von H. R. Müller gewidmet. Es ist nicht allgemein bekannt, daß neben der technischen Entwicklung der heute laufenden NSU-Wankel-Motoren systematische Untersuchungen von F. Wankel über die Gestalt aller möglichen Kreiskolbenmotoren einhergingen. Die geometrische Gestaltung des bekannten Dreikant-Rotors führte zur Untersuchung einer neuen Klasse von sog. Trochoiden-Hüllkurven, über die hier ausführlich berichtet wird.

Ein Mathematiker, der die Geometrie in ihrer klassischen Form bei Euklid und Hilbert, oder auch in einer neueren Darstellung (vgl. etwa G. Choquet, Neue Elementargeometrie, Braunschweig (Vieweg), 1970) kennt, wird beim Lesen der folgenden Seiten sicher oft das Gefühl haben, daß hier nicht Axiome geschliffen, sondern unmittelbar verständliche Fragen mit eigens dafür hergestellten Methoden angegangen werden. Man spürt etwas von der Frische des ersten Augenblicks, die axiomatische Durchdringung mag später als eine Art Kristallisationsprozeß nachfolgen. Der Wille, in die verwirrende Vielfalt anschaulicher Möglichkeiten die Ordnung einfacher Prinzipien und logischer Notwendigkeit hineinzutragen, kennzeichnet diesen Zweig der aktuellen Geometrie jedoch genauso wie die ersten Leistungen der griechischen Mathematik.

Erlangen, Frühjahr 1971

Konrad Jacobs
Herausgeber

Inhaltsverzeichnis

Autorenverzeichnis

Professor Dr. Anatole Beck

University of Wisconsin
Department of Mathematics
213 Van Vleck Hall
Madison, WI 53706, USA

Professor Dr. M. N. Bleicher

University of Wisconsin
Department of Mathematics
213 Van Vleck Hall
Madison, WI 53706, USA

Professor Dr. N. G. de Bruijn

Mathematisches Institut der Technischen Hochschule
Eindhoven, Holland

Professor Dr. K. Jacobs

Mathematisches Institut der
Universität Erlangen-Nürnberg
8520 Erlangen, Bismarckstr. $1\frac{1}{2}$

Professor Dr. H. R. Müller

Institut D für Mathematik der Technischen Universität
3300 Braunschweig, Pockelsstr. 14

Professor Dr. G. Ringel

University of California
Santa Cruz, CA 95060, USA

Pólyas Abzähl-Theorie: Muster für Graphen und chemische Verbindungen

N. G. de Bruijn

Einleitung

Viele, wenn auch nicht alle Probleme der Kombinatorik laufen auf die Bestimmung gewisser Anzahlen hinaus. Es geht etwa darum, die Anzahl aller Permutationen der Zahlen $1, \ldots, n$ als $n!$, die Anzahl aller Teilmengen einer Menge von n Elementen als 2^n zu ermitteln, und jeder Mathematikstudent weiß, wie man diese und andere einfache Fragen mit ebenso einfachen Mitteln, zu denen manchmal ein Trick und oft (offen oder versteckt) ein Induktionsschluß gehört, beantwortet. Faßt man die Formulierungen und Beweise ganz genau, so stellt man fest: Es handelt sich um die Bestimmung der Mächtigkeiten $|M|$, d.h. Elementzahlen gewisser Mengen M und alle Beweismittel gehen auf drei Grundtatsachen zurück:

1. Zwei eineindeutig aufeinander bezogene Mengen haben die gleiche Mächtigkeit; das ist geradezu die Definition der Gleichmächtigkeit, d.h. gleichen Elementenzahl von Mengen in einem sauber mengentheoretischen Ansatz für den Begriff der Anzahl.

2. Bei der Bildung *disjunkter Vereinigungen addieren* sich die Mächtigkeiten:

$$|M_1 + \cdots + M_n| = |M_1| + \cdots + |M_n| \qquad (M_j \cap M_k = \emptyset \ \ (j \neq k))$$

(wir schreiben disjunkte Vereinigungen mit $+$ und Σ statt mit $\cup$ und $\bigcup$).

3. Bei der Bildung *cartesischer Produkte multiplizieren* sich die Mächtigkeiten:

$$|M_1 \times \cdots \times M_n| = |M_1| \cdots |M_n|$$

(wir erinnern an die Definition des cartesischen Produkts: $M_1 \times \cdots \times M_n = \{(x_1, \ldots, x_n) | x_1 \in M_1, \ldots, x_n \in M_n\}$).

Die Regeln 2. und 3. sind übrigens nichts weiter als eine abstrakte Fassung des Verfahrens, nach dem man in der Volksschule das Addieren und Multiplizieren natürlicher Zahlen lernt.

Bei komplizierteren Anzahlbestimmungen bedient man sich oft der *Methode der abzählenden Potenzreihen* oder *Polynome*. Wir führen zwei Beispiele an:

1. Frankierungsproblem

Es gebe Briefmarken zu 5, 10, 30, 70 und 100 Pfennig. Auf wieviele Arten läßt sich ein Brief mit Marken im Gesamtwert von 100 Pfennig bekleben? Man wird sogleich bemerken, daß das Problem

a) mit beliebigen Zahlen $v_1, \dots, v_n$ statt 5, 10, 30, 70, 100 und einem beliebigen Summenwert s statt 100 von Interesse wäre, wir bleiben trotzdem der Einfachheit halber bei unserem Spezialfall.

b) nicht präzise genug gestellt ist:
Wann gelten zwei Frankierungen als gleich? Wir präzisieren daher: Sie gelten als gleich, wenn die Anzahl der verwendeten Marken eines festen Werts in beiden Fällen die gleiche ist.

Dies Problem lösen wir, indem wir im Produkt der Potenzreihen

$$1+z^5+z^{10}+z^{15}+\cdots = \sum_{k=0}^{\infty} z^{5k},$$

$$1+z^{10}+z^{20}+z^{30}+\cdots = \sum_{k=0}^{\infty} z^{10k},$$

$$1+z^{30}+z^{60}+z^{90}+\cdots = \sum_{k=0}^{\infty} z^{30k},$$

$$1+z^{70}+z^{140}+z^{210}+\cdots = \sum_{k=0}^{\infty} z^{70k},$$

$$1+z^{100}+z^{200}+z^{300}+\cdots = \sum_{k=0}^{\infty} z^{100k}$$

den Koeffizienten von z^{100} bestimmen. Er gibt offenbar die Anzahl der Möglichkeiten, k_5 Marken zu 5, k_{10} Marken zu $10, \dots, k_{100}$ Marken zu 100 Pfennig zu wählen, derart, daß $5k_5+10k_{10}+\cdots+100k_{100}=100$ ist, wieder. Man bemerke, daß z.B. der im Produkt vorkommende Beitrag

$$(z^5)^2 \ (z^{10})^2 \ (z^{30})^0 \ (z^{70})^1 \ (z^{100})^0$$

mit der Möglichkeit $k_5=2$, $k_{10}=2$, $k_{30}=0$, $k_{70}=1$, $k_{100}=0$ korrespondiert.

Die Produkt-Potenzreihe ist

$$1+z^5+2z^{10}+2z^{15}+\cdots+pz^{100}+\cdots,$$

und unsere Aufgabe besteht darin, p zu bestimmen.

2. Wägeproblem von Bachet

Gegeben sind je ein Gewicht zu 1, 3, 9, 27 Gramm sowie eine zweischalige symmetrische (d.h. übliche) Waage. Mehr als $1+3+9+27=40$ Gramm kann man mit diesen Stücken nicht ins Gleichgewicht bringen. Welche Gewichte (zwischen 0 und 40) lassen sich durch Verteilung einiger der genannten 4 Gewichte auf evtl. *beide* Waageschalen auswiegen?

Beispielsweise kann man 11 Gramm auswiegen, indem man die Gewichte 3 und 9 rechts, und das Gewicht 1 zusammen mit dem gewogenen Gegenstand (von 11 Gramm) links auf die Waage legt. Wir lösen das Problem, indem wir das Produkt der Laurent-Polynome $(z^{-1}+1+z)$, $(z^{-3}+1+z^3)$, $(z^{-9}+1+z^9)$, $(z^{-27}+1+z^{27})$ berechnen. Das Ergebnis lautet

$$z^{-40}+z^{-39}+\cdots+z^{-1}+1+z+\cdots+z^{40}.$$

Wie haben wir es erhalten? Aus jeder der 4 Klammern wählt man einen Summanden, aus den ausgewählten bildet man das Produkt. Dies tut man auf alle möglichen Arten und addiert die erhaltenen Produkte. Nun interpretieren wir dies Verfahren. Statt „einen Summanden aus $(z^{-k}+1+z^k)$ wählen" sagen wir „entscheiden, ob das Gewicht k links, gar nicht, oder rechts auf die Waage gelegt wird". Beim Multiplizieren der gewählten Summanden werden einfach Exponenten addiert. Das Ergebnis zeigt, um wieviel Gramm die rechte Waagschale Übergewicht hat. Daß wir für jeden Exponenten von -40 bis $+40$ den Koeffizienten 1 erhalten haben, bedeutet, daß man von 40 Gramm Übergewicht links bis 40 Gramm Übergewicht rechts jedes ganzzahlige Übergewicht auf genau eine Art einstellen kann. Unser Problem ist damit gelöst, und wir haben sogar noch etwas mehr gezeigt, als verlangt war, nämlich eine Eindeutigkeitsaussage, die sich aus der Tatsache ergibt, daß im Produkt alle Koeffizienten gleich Eins sind.

Überblicken wir unsere beiden Beispiele nochmals, so bemerken wir, daß die benützten Reihen und Laurent-Polynome gar nicht als Funktionen von z, sondern eigentlich nur als Aufhänger für ein Systematisieren von Abzählmethoden mittels des Distributivgesetzes der Addition und Multiplikation von Interesse sind. Es ist in der Tat möglich, unsere Überlegungen mit einer Theorie der *formalen Potenz-* bzw. *Laurent-Reihen* zu untermauern. Manchmal ist jedoch die funktionentheoretische Interpretation (einschließlich Konvergenzbetrachtungen) sehr praktisch: Auch wenn man weiß, daß die *Richtigkeit* des Resultats nur auf formalen Koeffizientenumrechnungen beruht, kann man doch analytische Mittel wie den Residuensatz zur effektiven *Berechnung* von Koeffizienten gebrauchen. Die Pólyasche Abzähl-Theorie stellt in gewisser Weise die Spitzenleistung in der Technik der abzählenden Potenzreihen dar und hat zu eindrucksvollen Anwendungen in der Stereochemie (Isomerenproblem) geführt (vgl. 4.5).

Das für die Pólyasche Theorie typische Problem ist das der *Identifizierung*. Wir sind bereits oben diesem Problem begegnet, als es sich darum handelte, genau zu erklären, wann zwei Frankierungen eines Briefes als gleich zu betrachten, d.h. zu identifizieren seien. Wir hätten es auch so fassen können: Mehr als 20 Marken brauchen wir auf keinen Fall; wir reservieren also 20 feste Plätze Nr. 1, 2, ..., 20 auf dem Umschlag, kreieren Marken vom Wert 0 und bezeichnen als Frankierung jede Beklebung der 20 Plätze mit Marken der Werte 0, 5, 10, 30, 70, 100. Wir *identifizieren* zwei solche Frankierungen, wenn sie nach passender *Permutation* der Plätze optisch nicht mehr zu unterscheiden sind. Etwas mathematischer:

Eine Frankierung ist ein 20-tupel $w=(w_1,\dots,w_{20})$ mit $w_1,\dots,w_{20}\in\{0,5,10,30,70,100\}$. Ist für eine passende Permutation p: $\{1,\dots,20\}\to\{1,\dots,20\}$

$$w_{p(1)}=w'_1\dots,\ w_{p(20)}=w'_{20}\,,$$

so identifizieren wir die Frankierungen $w=(w_1,\dots,w_{20})$ und $w'=(w'_1,\dots,w'_{20})$. Genauer: Wir bezeichnen sie als äquivalent, definieren auf diese Weise eine reflexive, symmetrische und transitive Relation, und was wir eigentlich bestimmen, ist die *Anzahl der Äquivalenzklassen.*

Damit sind wir schon bei der abstrakten Fassung des Problems: In der endlichen Menge S wirke eine Gruppe G als Permutationsgruppe; zwei Elemente von S heißen äquivalent bezüglich G, wenn sie durch Permutationen aus G ineinander übergeführt werden können; *man bestimme die Anzahl der Äquivalenzklassen.*

Betrachten wir z.B. in der symmetrischen Gruppe S_6 aller Permutationen von $1,\dots,6$ die Untergruppe G aller Permutationen der 6 Seiten $1,\dots,6$ eines Würfels, die sich durch räumliche Drehung (nicht Spiegelung) erreichen lassen. Eine Färbung der 6 Würfelseiten mit den Farben rot und blau läßt sich als ein 6-tupel $f=(f_1,\dots,f_6)$ mit $f_1,\dots,f_6=r$ (=rot) oder $=b$ (=blau) auffassen. Wir wollen zwei Färbungen f, f' als äquivalent bezeichnen, wenn

Tabelle 1

Anzahl der roten Seiten	Färbungen	Anzahl
0	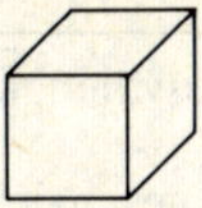 (b, b, b, b, b, b)	1
1	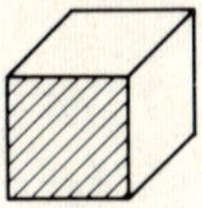 (r, b, b, b, b, b)	1
2	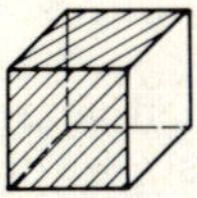 (r, b, r, b, b, b) 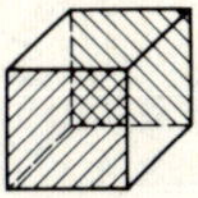 (r, b, b, b, b, r)	2
3	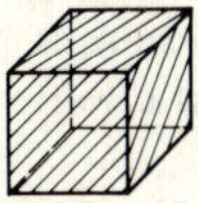 (r, r, r, b, b, b) 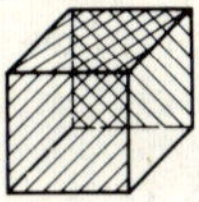 (r, b, r, b, b, r)	2
4	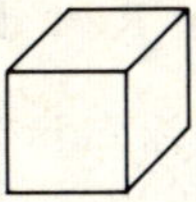 (b, r, b, r, r, r) 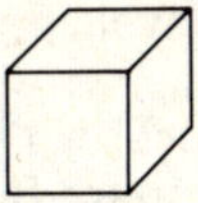 (b, r, r, r, r, b)	2
5	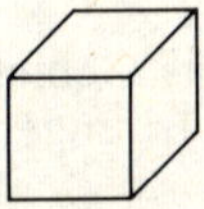 (b, r, r, r, r, r)	1
6	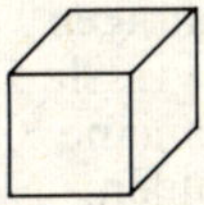 (r, r, r, r, r, r)	1

sie durch eine Permutation $p \in G$ ineinander übergeführt werden können, d.h. wenn für $f=(f_1, \dots, f_6)$, $f'=(f'_1, \dots, f'_6)$

$$f_{p(1)}=f'_1, \dots, f_{p(6)}=f'_6$$

gilt. Die Anzahl aller Äquivalenzklassen ist 10. Tabelle 1 gibt eine vollständige Aufzählung.

Die unter die Bilder geschriebenen 6-tupel entsprechen einer Platznumerierung gemäß dem bei Spielwürfeln üblichen Prinzip, daß die Augensumme gegenüberliegender Seiten 7 ist:

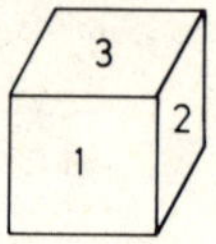

Daß bei 2 roten Seiten nur die beiden gezeichneten Fälle verschiedenen Äquivalenzklassen entsprechen, erkennt man, indem man sie drehinvariant beschreibt: Die beiden roten Seiten haben entweder eine Kante gemeinsam oder liegen einander gegenüber. Der Leser wird für den Fall von 3 roten Seiten leicht eine drehinvariante Beschreibung finden, auch sofort einsehen, warum die Folge der Anzahlen symmetrisch sein muß, und die fehlenden Farben von Hand einfügen.

Nachdem wir in dieser Einleitung schrittweise im Wechselspiel von Beispielen und abstrakten Überlegungen ein Stück weit in die Grundvorstellungen der Pólyaschen Theorie (vgl. Pólya [4]) eingedrungen sind, wollen wir für den Rest dieser Arbeit zügig eine Theorie verfolgen.

In § 1 behandeln wir den sog. Zyklenindex einer Permutationsgruppe abstrakt, unter Beifügung mehrerer Beispiele.

In § 2 stellen wir das zentrale Hilfsmittel der Pólyaschen Theorie vor: einen Satz von Burnside über Bahnen und Fixpunkte von Permutationsgruppen.

In § 3 entwerfen wir das Gebiet, in dem wir den Satz von Burnside anwenden wollen: Färbungen und Muster, und beweisen den Satz 3.1 von Pólya.

In § 4 beschreiben wir, wie Pólya seinen Satz auf das Problem der Abzählung von Bäumen und Alkoholen angewendet hat.

Für weitere Untersuchungen vgl. die Übersicht über die Pólyasche Theorie in de Bruijn [1, Ch. 5], und auch [3] für baumförmige Moleküle. Für eine allgemeine Orientierung über Kombinatorik sei Beckenbach [1] empfohlen.

§ 1. Der Zyklenindex einer Permutationsgruppe

Sei $S=\{s,\ldots\}$ eine endliche Menge. Jede eineindeutige Abbildung p von S auf sich wird als Permutation in (von) S bezeichnet. Mit Hintereinanderschalten als Verknüpfung bilden die Permutationen von S eine Gruppe $\mathscr{S}_S$. $\mathscr{S}_S$ und $\mathscr{S}_{S'}$ sind genau dann isomorph, wenn ihre Mächtigkeiten $|S|$, $|S'|$ gleich sind. Ist $|S|=n$, so schreiben wir auch kurz $\mathscr{S}_n$ statt $\mathscr{S}_S$ und nennen $\mathscr{S}_n$ die *symmetrische Gruppe* von n Elementen. Bekanntlich gilt $|\mathscr{S}_n|=n!$

Jede Permutation $p\in\mathscr{S}_n$ besitzt eine eindeutige Zyklenzerlegung, bei der die 1-Zyklen die von p festgelassenen Elemente (die sog. *Fixpunkte* von p) bedeuten. Besteht diese Zerlegung aus b_1 1-Zyklen, b_2 2-Zyklen, ..., so gilt $b_{n+1}=b_{n+2}=\cdots=0$, und $b=(b_1,b_2,\ldots)$ heißt der Typ der Permutation p. Natürlich ist

(1) $$n=1\cdot b_1+2\cdot b_2+\cdots,$$

was nochmals $b_{n+1}=b_{n+2}=\cdots=0$ bestätigt.

Wir schreiben auch $b(p)=(b_1(p),b_2(p),\ldots)$.

Betrachten wir einmal folgendes Beispiel: Es sei $n=8$ und die Permutation gegeben durch $1\to 3$, $2\to 4$, $3\to 1$, $4\to 6$, $5\to 5$, $6\to 2$, $7\to 8$, $8\to 7$. Die Zyklen sind $1\to 3\to 1$, $2\to 4\to 6\to 2$, $5\to 5$, $7\to 8\to 7$, und man stellt demgemäß die Permutation durch (1 3) (2 4 6) (5) (7 8) dar. Es ist hier also $b_1=1$, $b_2=2$, $b_3=1$, $b_4=b_5=\cdots=0$.

Sei G eine Untergruppe von $\mathscr{S}_n$. Dann heißt das Polynom

$$P_G(z_1,z_2,\ldots)=\frac{1}{|G|}\sum_{p\in G} z_1^{b_1(p)}z_2^{b_2(p)}\ldots$$

(in dem in Wahrheit höchstens die endlichvielen Variablen $z_1,\ldots,z_n$ auftreten) der *Zyklenindex* von G.

Bezeichnet $a_G(b_1,b_2,\ldots)$ die Anzahl der $p\in G$, die den Typ $(b_1,b_2\ldots)$ haben, so ist $a_G(b_1,b_2,\ldots)=0$ für $1\cdot b_1+2\cdot b_2,\ldots\neq n$ und

$$P_G(z_1,z_2,\ldots)=\frac{1}{|G|}\sum_{b_1,b_2,\ldots} a_G(b_1,b_2,\ldots)z_1^{b_1}z_2^{b_2}\ldots$$

Wir wollen bei allgemeinen Überlegungen stets diese Schreibweise, in der die Anzahl der Variablen nicht explizit auftritt, benützen, jedoch daran denken, daß die Bedingung (1) dafür sorgt, daß alle Summen endlich sind und somit nur Polynome und keine unendlichen Reihen entstehen.

Wir wollen nun für eine ganze Reihe von Permutationsgruppen $G\subseteq\mathscr{S}_n$ den Zyklenindex berechnen.

Beispiel 1.1: G bestehe nur aus der identischen Permutation e. Deren Zyklendarstellung besteht aus n 1-Zyklen (Fixpunkten), also ist

$$P_G(z_1,z_2,\ldots)=z_1^n.$$

Man sieht, wie sehr der Zyklenindex von der Menge, in der die Permutationen wirken, und nicht nur von der abstrakten gruppentheoretischen Struktur von G abhängt.

Beispiel 1.2: Sei S die Menge der 8 *Ecken* eines Würfels und $G \subseteq \mathcal{S}_8$ die Gruppe aller Eckenpermutationen, die durch räumliches Drehen des Würfels bewirkt werden können. Ist W eine feste Würfelseite, so sei G_W die Gesamtheit aller Drehungen, die den Würfel mit sich zur Deckung bringen und dabei die 4 Ecken von W wieder in die 4 Ecken von W (evtl. in anderer Reihenfolge) überführen. Offenbar ist G_W eine zyklische Untergruppe der Ordnung 4 in G. Übt man vor einer Permutation, die W in eine Würfelseite W' überführt, eine Permutation aus G_W aus, so entsteht wieder eine Permutation, die W in W' sendet. Die Links-Nebenklassen nach G_W lassen sich also durch die zugehörigen W' kennzeichnen, sind also 6 an der Zahl: G besteht aus $4 \cdot 6 = 24$ Permutationen. Wir beschreiben sie nun geometrisch noch genauer:

Tabelle 2

Die Drehachse verbindet	Drehwinkel	Anzahl	Typ
die Mitte gegenüberliegender Würfel*seiten*	π	3	(0, 4, 0, 0, ...)
die Mitte gegenüberliegender Würfel*seiten*	$\frac{\pi}{2}, \frac{3\pi}{2}$	$2 \cdot 3$	(0, 0, 0, 2, ...)
die Mitte gegenüberliegender Würfel*kanten*	π	6	(0, 4, 0, 0, ...)
diagonal gegenüberliegende Würfel*ecken*	$\frac{2\pi}{3}, \frac{4\pi}{3}$	$2 \cdot 4$	(2, 0, 2, 0, 0, ...)

Da diese Liste 23 verschiedene Permutationen (Drehungen) aufzählt, fehlt nur noch die Identität [Typ (8, 0, 0, ...)].

Wir erhalten den Zyklenindex

$$P_G(z_1, z_2, \ldots) = \tfrac{1}{24}(z_1^8 + 9\,z_2^4 + 6\,z_4^2 + 8\,z_1^2\,z_3^2).$$

Jetzt fassen wir dieselben Drehungen ins Auge, achten jetzt aber darauf, welche Permutationen der 6 Würfel*seiten* sie bewirken. Es entsteht eine Untergruppe G' von $\mathscr{S}_6$, die Liste der Typen gemäß der obigen Tabelle lautet jetzt

$$(2,2,0,0,\ldots),$$
$$(2,0,0,1,0,\ldots),$$
$$(0,3,0,0,\ldots),$$
$$(0,0,2,0,\ldots),$$

und die Identität hat den Typ $(6,0,0,\ldots)$. Folglich erhalten wir den Zyklenindex

$$P_{G'}(z_1,z_2,\ldots)=\tfrac{1}{24}(z_1^6+3z_1^2z_2^2+6z_1^2z_4+6z_2^3+8z_3^2).$$

Betrachten wir schließlich die Wirkung auf die 12 Würfel*kanten*, so erhalten wir eine Untergruppe G'' von $\mathscr{S}_{12}$, die Typenliste

$$(0,6,0,0,\ldots),$$
$$(0,0,0,3,\ldots),$$
$$(2,5,0,0,\ldots),$$
$$(0,0,4,0,\ldots)$$

zuzüglich $(12,0,0,\ldots)$ für die Identität, und damit den Zyklenindex

$$P_{G''}(z_1,z_2,\ldots)=\tfrac{1}{24}(z_1^{12}+3z_2^6+6z_4^3+6z_1^2z_2^5+8z_3^4).$$

(Wer sich weiter üben möchte, kann die hier betrachtete *Würfelgruppe* von Drehungen durch die (isomorphe!) Oktaedergruppe ersetzen und so noch drei weitere Zyklenindices durchrechnen. Muß man wirklich noch rechnen?)

Wieder sehen wir: Die Gruppen G, G', G'' sind gruppentheoretisch isomorph, wirken aber in verschiedenen Mengen und erhalten verschiedene Zyklenindices.

Beispiel 1.3: Wir wollen den Zyklenindex der vollen symmetrischen Gruppe $\mathscr{S}_n$ berechnen. Das läuft auf die Bestimmung der Anzahl $a_{\mathscr{S}_n}(b_1,b_2,\ldots)$ aller Permutationen in $\mathscr{S}_n$ hinaus, die den Typ $(b_1,b_2,\ldots)$ haben. Zu diesem Zweck teilen wir die Platznummern $1,\ldots,n$ folgendermaßen in $b_1+b_2+\cdots$ Platzgruppen ein: Zuerst kommen b_1 Einzelplätze, dann kommen b_2 Platzpaare, dann b_3 Platztripel etc. Setzen wir jede dieser $b_1+b_2+\cdots$ Platzgruppen zwischen Klammern, so liefert jede der $n!$ Verteilungen der Ziffern $1,\ldots,n$ auf die Plätze $1,\ldots,n$ die Zyklendarstellung einer Permutation aus $\mathscr{S}_n$, die den Typ $(b_1,b_2,\ldots)$ hat. Wieviele liefern die gleiche Permutation?

Offenbar kommt die gleiche Permutation heraus, wenn man die Ziffern in jeder Platzgruppe zyklisch permutiert. Jeder der b_k Zyklen der Länge k bietet dafür k Möglichkeiten, macht insgesamt

$1^{b_1} \cdot 2^{b_2} \cdot 3^{b_3} \dots$ Möglichkeiten. Außerdem können wir noch die b_k Platzgruppen der Länge k auf $k!$ Arten untereinander permutieren. So erhöht sich die Anzahl der Verteilungen, die dieselbe Permutation vom Typ $(b_1, b_2, \dots)$ liefern, auf $1^{b_1} b_1! \, 2^{b_2} b_2! \, 3^{b_3} b_3! \dots$ Also ist

$$a_{\mathscr{S}_n}(b_1, b_2, \dots) = \frac{n!}{1^{b_1} b_1! \, 2^{b_2} b_2! \dots}.$$

Den so erhaltenen Zyklenindex

$$P_{\mathscr{S}_n}(z_1, z_2, \dots) = \sum_{1 \cdot b_1 + 2 \cdot b_2 + \dots = n} \frac{z_1^{b_1} z_2^{b_2} \dots}{1^{b_1} b_1! \, 2^{b_2} b_2! \dots}$$

kann man noch elegant in einer weiteren Potenzreihe verschwinden lassen:

Mit einer neuen Variablen z erhalten wir

$$\begin{aligned}
\sum_{n=0}^{\infty} z^n P_{\mathscr{S}_n}(z_1, z_2, \dots) &= \sum_{n=0}^{\infty} z^n \sum_{1 \cdot b_1 + 2 \cdot b_2 + \dots = n} \frac{z_1^{b_1} z_2^{b_2} \dots}{1^{b_1} b_1! \, 2^{b_2} b_2! \dots} \\
&= \sum_{n=0}^{\infty} \sum_{1 \cdot b_1 + 2 \cdot b_2 + \dots = n} \frac{(z^1 z_1)^{b_1} (z^2 z_2)^{b_2} \dots}{1^{b_1} b_1! \, 2^{b_2} b_2! \dots} \\
&= \sum_{(b_1, b_2, \dots)} \frac{1}{b_1!} \left(\frac{z^1 z_1}{1}\right)^{b_1} \frac{1}{b_2!} \left(\frac{z^2 z_2}{2}\right)^{b_2} \frac{1}{b_3!} \left(\frac{z^3 z_3}{3}\right)^{b_3} \dots \\
&= \left(\sum_{b_1=0}^{\infty} \frac{1}{b_1!} \left(\frac{z^1 z_1}{1}\right)^{b_1} \right) \left(\sum_{b_2=0}^{\infty} \frac{1}{b_2!} \left(\frac{z^2 z_2}{2}\right)^{b_2} \right) \dots \\
&= e^{\frac{z^1 z_1}{1}} e^{\frac{z^2 z_2}{2}} \dots = e^{\sum_{k=1}^{\infty} \frac{z^k z_k}{k}}.
\end{aligned}$$

$P_{\mathscr{S}_n}(z_1, z_2, \dots)$ ist also der Koeffizient von z^n in der Entwicklung von

$$e^{\sum_{k=1}^{\infty} \frac{z^k z_k}{k}}$$

nach Potenzen von z.

§ 2. Ein Satz von Burnside

Wir wollen jetzt ein zentrales Beweismittel der Pólyaschen Theorie bereitstellen. Es geht dabei um Zyklen- und Fixpunktanzahlen von Permutationsgruppen.

Aus einem bestimmten Grund führen wir jetzt abstrakte Gruppen in unsere Untersuchung ein, lassen sie aber „als Permutationsgruppen wirken“. Der Leser wird sich an die 3 isomorphen Würfeldrehgruppen in Beispiel 1.2 erinnern. Es handelte sich damals im Grunde immer um dieselbe Gruppe: die Gruppe G aller 24 Drehungen des Raumes, die einen gegebenen Würfel mit sich zur Deckung bringen. Wir ließen sie einmal als Untergruppe der $\mathcal{S}_6$ auf die 6 Flächen, dann als Untergruppe der $\mathcal{S}_8$ auf die 8 Ecken, und schließlich als Untergruppe der $\mathcal{S}_{12}$ auf die 12 Ecken des Würfels wirken. Die exakt mathematische Fassung für „G in der Menge M wirken lassen" lautet „homomorph in die Gruppe aller Permutationen von M abbilden". Dieser Homomorphismus ist im genannten Falle eineindeutig und wird durch Einschränkung der als Abbildungsgruppe im R^3 aufgefaßten Gruppe G auf eine Teilmenge bzw. Teilmengensysteme des R^3 hergestellt.

Mit dieser Motivation im Hintergrund gehen wir nun folgendermaßen abstrakt vor:

Sei G eine endliche Gruppe und $S \neq \emptyset$ eine endliche Menge. Jedem Element $x \in G$ sei eine Permutation $p_x: S \to S$ zugeordnet, und diese Zuordnung sei *homomorph:*

$$p_{xy} = p_x \circ p_y \qquad (x, y \in G)$$

($p_x \circ p_y$ entsteht, indem man erst p_y, dann p_x ausübt). Man sagt dann, *G wirke (vermöge $x \to p_x$) als Permutationsgruppe in S.*

Für jedes $x \in G$ bilden wir die Menge

$$S_x = \{s \mid s \in S, p_x(s) = s\}$$

aller *Fixpunkte von x.*

Für jedes $s \in S$ bilden wir

$$G_s = \{x \mid x \in G, p_x(s) = s\}.$$

Offenbar ist G_s eine Untergruppe von G, wir bezeichnen sie als die *Fixgruppe von s.*

Die vollkommene Symmetrie dieser beiden Definitionen kann man auch so darstellen: Wir betrachten im cartesischen Produkt $G \times S$ die Teilmenge

$$M = \{(x, s), \mid x \in G, s \in S, p_x(s) = s\}.$$

Offenbar ist

$$M = \sum_{x \in G} \{x\} \times \{s \mid s \in S, p_x(s) = s\}$$

und ebenso

$$M = \sum_{s \in S} \{x \mid x \in G, p_x(s) = s\} \times \{s\}$$

(disjunkte Zerlegungen), woraus sich für die Mächtigkeiten

(1)
$$\sum_{x\in G} |S_x| = \sum_{s\in S} |G_s|$$

ergibt.

Wir nennen $s,t\in S$ äquivalent (genauer: (G,p)-äquivalent), wenn es ein $x\in G$ mit $p_x(s)=t$ gibt. Ist $y\in G$ ebenfalls so, daß $p\,(s)=t$ gilt, so gilt $p_{y^{-1}x}(s)=p_{y^{-1}}(p_x(s))=p_{y^{-1}}(t)=s$, also $y^{-1}x\in G_s$, d.h. $xG_s=yG_s$, und dies bedeutet gerade, daß x und y in derselben Linksnebenklasse nach der Untergruppe G_s liegen. Man sieht leicht (Übung für den Leser), daß (G,p)-Äquivalenz tatsächlich eine reflexive, symmetrische und transitive, d.h. eine Äquivalenzrelation ist; man kann also von den (paarweise disjunkten) (G,p)-Äquivalenzklassen reden. Die Äquivalenzklasse von s – wir bezeichnen sie mit $\mathrm{O}(s)$, sie läßt sich auch in der Form $\mathrm{O}(s)=\{p_x(s)\,|\,x\in G\}$ schreiben – enthält ebensoviele Elemente wie es Linksnebenklassen nach G_s gibt:

(2)
$$|G| = |\mathrm{O}(s)| \cdot |G_s|.$$

Insbesondere folgt für (G,p)-äquivalente s,t

$$|G_s| = |G_t|.$$

(Das ist auch so einzusehen: $G_t=xG_sx^{-1}(p_x(s)=t)$ (Übung für den Leser).)

Summiert man über alle t aus einer (G,p)-Äquivalenzklasse $\mathrm{O}(s)$, so kommt

$$|\mathrm{O}(s)| \cdot |G| = \sum_{t\in\mathrm{O}(s)} |\mathrm{O}(t)| \cdot |G_t|.$$

Hier ist aber stets $|\mathrm{O}(s)|=|\mathrm{O}(t)|$, und somit entsteht

(3)
$$|G| = \sum_{t\in\mathrm{O}(s)} |G_t|.$$

Gibt es $o(G)$ (G,p)-Äquivalenzklassen, und läßt man s ein Repräsentantensystem für sie durchlaufen, so erhält man aus (3) durch Summation

$$o(G)\,|G| = \sum_{t\in G} |G_t|.$$

Kombiniert mit (1) liefert dies den

Satz 2.1 (Burnside): *Mit den obigen Bezeichnungen gilt*

$$o(G) = \frac{1}{|G|} \sum_{x\in G} |S_x|.$$

Wir wollen uns dies gleich einmal in einem konkreten Fall ansehen:

Beispiel 2.2 (Fortsetzung von Beispiel 1.2): Wir wählen, wie schon zu Beginn dieses Paragraphen, als G die Gruppe aller 24 Drehungen des Raumes, die einen gegebenen Würfel mit sich selbst zur Deckung bringen, und bilden sie in natürlicher Weise homomorph in die Gruppe $\mathcal{S}_8$ aller Permutationen der 8 Ecken des Würfels ab. Mittels der Tabelle 2 bestimmen wir leicht $|S_x|$ für die verschiedenen $x \in G$: Nur die dort in der letzten Zeile aufgeführten 8 Permutationen haben Fixpunkte (d.h. $b_1 > 0$), u.z. je 2. Dazu kommt noch die identische Permutation mit 8 Fixpunkten. Der Satz von Burnside liefert also

$$o(G) = \tfrac{1}{24}(8 \cdot 2 + 8) = 1.$$

In der Tat gibt es nur ein Äquivalenzklasse: Man kann jede Würfelecke auf jede andere drehen.

Ersetzen wir dagegen G durch die Untergruppe G_W aller 4 Drehungen, die eine festgewählte Würfelseite W mit sich selbst zur Deckung bringen, so bekommen wir nur für die identische Permutation 8 Fixpunkte, so daß der Satz von Burnside

$$o(G_W) = \tfrac{8}{4} = 2$$

liefert. Die beiden Äquivalenzklassen sind die Ecken von W und die Ecken der W gegenüberliegenden Würfelseite.

§ 3. Der Satz von Pólya

In diesem Abschnitt werden wir die Ergebnisse von § 1 und § 2 auf eine Situation anwenden, deren Aufbau sich an *Färbeproblemen* orientiert. Der Leser wird sich an das Einleitungsbeispiel der Blau-Rot-Färbungen eines Würfels erinnern. Wir hatten dort mittels der Drehungen eine Äquivalenzrelation unter den Färbungen definiert und festgestellt, daß es 10 Äquivalenzklassen gibt. Wir untermauern jetzt die konkrete Aufzählung von damals durch eine allgemeine Theorie.

Seien $D = \{d, \ldots\}$ und $F = \{f, \ldots\}$ zwei endliche nichtleere Mengen. Die Elemente von D wollen wir als „*Dinge*", die von F als „*Farben*" bezeichnen. Eine Abbildung $s: D \to F$ definieren heißt, jedem Ding eine Farbe zuordnen. Die Elemente von $F^D = \{s \mid s: D \to F\}$ werden daher auch als „Färbungen" bezeichnet (die Bezeichnung F^D für die Menge aller Abbildungen von D nach F kennt man aus der Mengenlehre). Später werden wir mit $S = F^D$ arbeiten.

Bei unseren Würfelfärbungen nahmen wir als Dinge die 6 Würfelseiten, konnten also etwa $D=\{1,\ldots,6\}$ wählen. Mit $F=\{r,b\}$ erhielten wir

$$F^D=\{(f_1,\ldots,f_6)\,|\,f_1,\ldots,f_6=r \text{ oder } b\}.$$

Ein 6-tupel ist ja nichts anderes als eine auf diesem D definierte Abbildung.

Sei ferner $G\subseteq\mathscr{S}_D$ eine Gruppe von Permutationen von D. Jede solche Permutation – wir bezeichnen sie jetzt mit x o. dgl. – bewirkt sofort eine Permutation p_x der Färbungen durch die Festsetzung

$$p_x(s)=s\circ x^{-1}$$

d.h.

$$p_x(s)\colon d \;\to\; s(x^{-1}(d)).$$

Um zu ermitteln, welche Farbe d bei $p_x(s)$ bekommt, sehe man also nach, welche Farbe $x^{-1}(d)$ bei s bekommt.

Die Abbildung $x\to p_x$ von $G\to\mathscr{S}_{F^D}=\mathscr{S}_S$ ist tatsächlich homomorph:

$$p_{xy}(s)=s\circ(x\,y)^{-1}=s\circ(y^{-1}\circ x^{-1})=(s\circ y^{-1})\circ x^{-1}=p_x(p_y(s)).$$

Damit ist die Situation von § 2 hergestellt, und wir können daran denken, den Satz von Burnside für die Berechnung von $o(G)$ heranzuziehen. $o(G)$ ist jetzt ja die Anzahl der *Äquivalenzklassen von Färbungen.* Jede solche Äquivalenzklasse $\mathrm{O}(s)=\{x(s)\,|\,x\in G\}$ wollen wir auch ein *Muster* nennen. Offenbar ist die *Anzahl der Muster*, also $o(G)$, gerade das, was uns interessiert.

Wir wollen noch einen weiteren Begriff einführen: den des *Gewichts.* Ist jeder Farbe f eine rationale Zahl $w(f)$ zugeordnet, so heißt die dadurch definierte Funktion $w\colon F\to Q$ (=Menge der rationalen Zahlen) eine *Gewichtsverteilung auf* F, und $w(f)$ das *Gewicht* von f.

Vermöge

$$w(s)=\prod_{d\in D} w(s(d))$$

erhält man dann sofort auch eine Gewichtsverteilung $w\colon F^D\to Q$ (natürlich verwenden wir zweckmäßigerweise wieder das Symbol w) auf $S=F^D$. Diese ist nun auf jeder Äquivalenzklasse (Muster) konstant.

$$\begin{aligned} w(p_x(s)) &= \prod_{d\in D} w(s(x^{-1}(d))) \\ &= \prod_{d\in D} w(s(d))=w(s), \end{aligned}$$

da die $x^{-1}(d)$ $(d \in D)$ nur eine Permutation der $d \in D$ bilden. Damit können wir jedem Muster O(s) eine rationale Zahl

$$w(\mathrm{O}(s)) = w(s)$$

als ihr *Gewicht* zuordnen $(w(\mathrm{O}(s)) = w(\mathrm{O}(t))$, wenn s und t äquivalent sind). Ist $w: F \to Q$ die Konstante 1, so ist dies auch für $w: F^D \to Q$ der Fall, und jedes Muster erhält das Gewicht 1. Um die Anzahl $o(G)$ der Muster zu ermitteln, brauchen wir dann nur die Gewichte der Muster zu addieren:

$$o(G) = \sum_{\mathrm{O\ Muster}} w(\mathrm{O}) \quad \text{(hier wird jedes Muster nur einmal gezählt!)}$$

Wir werden jetzt ganz allgemein darauf ausgehen, für den Wert

$$\sum_{\mathrm{O\ Muster}} w(\mathrm{O})$$

eine Formel zu finden. Unser Anzahl-Problem wird dann, wie wir eben sahen, als Spezialfall mitgelöst werden. Der nun folgende Satz von Pólya gibt jedoch nicht nur für ganzzahlige Gewichtsverteilungen, sondern wörtlich sogar für Gewichtsverteilungen mit Werten in einem beliebigen kommutativen Ring, der den Ring der rationalen Zahlen als Teilring enthält. Auch diese Verallgemeinerung hat Anwendungen (Pólya [4], deBruijn [1, ch. 5], [2]).

Satz 3.1 (Pólya): *Sei $G = \{1, x, \ldots\}$ eine Gruppe von Permutationen der Menge D (der permutierten Dinge) und*

$$P_G(z_1, z_2, \ldots)$$

ihr Zyklenindex. Sei $w: F \to Q$ eine Gewichtsverteilung auf der Menge F der Farben. Dann gilt

$$\sum_{\mathrm{O\ Muster}} w(\mathrm{O}) = P_G\left(\sum_{f \in F} w(f), \sum_{f \in F} w(f)^2, \ldots\right).$$

Beweis: 1. Wie gesagt, bewirken die $x \in G$ mittels p_x Permutationen von F^D, und die Äquivalenzklassen sind das, was wir die Muster genannt haben. Insbesondere wird jedes Muster O durch die p_x permutiert, und besteht dabei aus genau einer Äquivalenzklasse. Daher gilt nach Satz 2.1 (Burnside)

$$1 = \frac{1}{|G|} \sum_{x \in G} |S_x|,$$

wo

$$S_x = \{s \mid s \in \mathrm{O},\ p_x(s) = s\}.$$

Wir multiplizieren mit $w(\mathrm{O})$; für jedes $s \in S_x$ ist $w(s)=w(\mathrm{O})$, und also

$$w(\mathrm{O}) = \frac{1}{|G|} \sum_{x \in G} \sum_{s \in \mathrm{O},\, p_x(s)=s} w(s).$$

Jetzt summieren wir über O (mit Ω bezeichnen wir die Menge der Muster):

$$\sum_{\mathrm{O} \in \Omega} w(\mathrm{O}) = \frac{1}{|G|} \sum_{x \in G} \sum_{s \in F^D,\, p_x(s)=s} w(s).$$

2. Wir bringen nun die rechte Seite dieser Gleichung mit dem Zyklenindex in Zusammenhang und sehen uns hierzu für eine feste Permutation $x \in G$ den Ausdruck $\sum_{s \in F^D,\, p_x(s)=s} w(s)$ genauer an: Die Permutation x wirkt in D und hat als solche eine Zyklendarstellung $x = Z_1 \ldots Z_r = Z_1(x) \ldots Z_r(x)$, aus der man ihren Typ $b(x) = (b_1, b_2, \ldots) = (b_1(x), b_2(x) \ldots)$ ablesen kann: Es kommen b_1 Fixpunkte, b_2 2-Zyklen, b_3 3-Zyklen, ... bei x vor. Die an einem solchen Zyklus beteiligten Dinge werden durch x zyklisch ineinander übergeführt. Liegt also eine Färbung s mit $p_x(s)=s$, also $s(x^{-1}(d)) = s(d)$ $(d \in D)$ vor, so muß s auf jedem Zyklus konstant sein, so daß man von den Farben $s(Z_1), \ldots, s(Z_r)$ der Zyklen reden kann.

Umgekehrt liefert jede Verteilung von Farben auf die Zyklen ein s mit $p_x(s)=s$. Sind $l_1, \ldots, l_r$ die Längen der Zyklen, so ergibt sich für das Gewicht der Färbung s

$$\begin{aligned} w(s) &= \prod_{d \in D} w(s(d)) = \prod_{\rho=1}^{r} \prod_{d \operatorname{in} Z_\rho} w(s(d)) \\ &= \prod_{\rho=1}^{r} \prod_{d \operatorname{in} Z_\rho} w(s(Z_\rho)) = \prod_{\rho=1}^{r} w(s(Z_\rho))^{l_\rho}. \end{aligned}$$

Damit ergibt sich bei festem $x \in G$

$$\begin{aligned} \sum_{p_x(s)=s} w(s) &= \sum_{p_x(s)=s} \prod_{\rho=1}^{r} w(s(Z_\rho))^{l_\rho} \\ &= \sum_{f_1 \in F} \cdots \sum_{f_r \in F} \prod_{\rho=1}^{r} (w(f_\rho))^{l_\rho} \\ &= \prod_{\rho=1}^{r} \sum_{f \in F} w(f)^{l_\rho} \\ &= \prod_{j=1}^{\infty} \prod_{l_\rho = j} \sum_{f \in F} w(f)^j \\ &= \prod_{j=1}^{\infty} \left(\sum_{f \in F} w(f)^j \right)^{b_j}. \end{aligned}$$

(das Produkt ist natürlich endlich).

Summiert man nun über $x \in G$, so kommt

$$\frac{1}{|G|} \sum_{x \in G} \sum_{p_x(s)=s} w(s) = \frac{1}{|G|} \sum_{x \in G} \prod_{j=1}^{\infty} \left(\sum_{f \in F} w(f)^j \right)^{b_j(x)}.$$

Nun erinnern wir uns an die Definition

$$P_G(z_1, z_2, \ldots) = \frac{1}{|G|} \sum_{x \in G} \prod_{j=1}^{\infty} z_j^{b_j(x)}$$

des Zyklenindex und erhalten durch Vergleich die Behauptung des Satzes.

Wir wollen ihn nun gleich einmal an unserem Würfel-Beispiel erproben. Wir setzen also

$$D = \{1, \ldots, 6\},$$
$$F = \{r, b\}$$

und benützen den in Beispiel 1.2 berechneten Zyklenindex

$$P_G(z_1, z_2, \ldots) = \tfrac{1}{24}(z_1^6 + 3 z_1^2 z_2^2 + 6 z_1^2 z_4 + 6 z_2^3 + 8 z_3^2).$$

Mit den Gewichten $w(r) = w(b) = 1$ erhalten wir für die Anzahl der Rot-Blau-Muster auf den Würfel*seiten*

$$\begin{aligned} P_G\left(\sum_{f \in F} 1, \sum_{f \in F} 1^2, \ldots\right) &= P_G(2,2,\ldots) \\ &= \tfrac{1}{24}(2^6 + 3 \cdot 2^2 \cdot 2^2 + 6 \cdot 2^2 \cdot 2 + 6 \cdot 2^3 + 8 \cdot 2^2) \\ &= \tfrac{1}{24}(64 + 48 + 48 + 48 + 32) \\ &= \tfrac{240}{24} = 10, \end{aligned}$$

konform mit unserer Bestimmung in der Einleitung.

Zur Übung möge der Leser nun die Anzahl der Muster der Würfel*ecken*, oder *-kanten* für verschiedene Farbmengen mit Hilfe der betr. Zyklenindices bestimmen. Wenn es sich um teure Farben (Silber, Gold, Platin) handelt, kann man auch mit nichttrivialen Gewichtsverteilungen einige naheliegende Kostenfragen beantworten.

Aufgabe 3.2: Man zerlege jede Seitenfläche eines Würfels in 4 kongruente Quadrate, so daß die Außenseite des Würfels 24 kleine Quadrate zeigt. Man färbe diese 24 Quadrate mit den Farben Weiß oder Schwarz derart, daß 4 mal Weiß und 20 mal Schwarz auftritt. Zwei Färbungen werden zum gleichen Muster gerechnet, falls sie durch Raumdrehung ineinander übergeführt werden können. Wieviel Muster gibt es?

Aufgabe 3.3: Man versuche, unseren Beweis des Pólyaschen Satzes nachahmend, folgende Verallgemeinerung zu beweisen (de Bruijn [2]). Es spielen D, G, F dieselbe Rolle wie in Satz 3.1; dadurch sind „Muster" definiert. Sei h eine feste Permutation der Farbenmenge F. Wir interessieren uns für h-invariante Muster, das sind Muster mit folgender Eigenschaft: Ist s eine zum Muster gehörige Färbung, so gehört auch hs zum selben Muster (hs ist die Färbung, die das Objekt d mit der Farbe $h(s(d))$ versieht). Wir suchen

$$\sum\nolimits^{(h)} w\,(O)\,, \tag{1}$$

wo sich die Summe über alle h-invarianten Muster erstreckt. Für $j=1,2,\ldots$ bilde man

$$\lambda_j = \sum_{f\in F,\, h^j f = f} w(f)\,w(hf)\ldots w(h^{j-1}f)\,.$$

(die Summe erstreckt sich über diejenigen Farben, die durch h^j invariant gelassen werden). Der angekündigte Satz lautet jetzt

$$\sum\nolimits^{(h)} w(O) = P_G(\lambda_1, \lambda_2, \ldots)\,.$$

Aufgabe 3.4: Man überzeuge sich davon, daß der in Aufgabe 3.3 genannte Satz sich zum Pólyaschen spezialisiert, falls wir für h die identische Permutation nehmen.

Aufgabe 3.5: Unter Benutzung des Ergebnisses aus Aufgabe 3.3 suche man die Anzahl derjenigen in Aufgabe 1 betrachteten Schwarz-Weiß-Muster zu bestimmen, die sich nicht ändern, wenn man überall Weiß durch Schwarz ersetzt und umgekehrt. (Es handelt sich um Färbungen mit 12 mal Weiß und 12 mal Schwarz, z.B.: Man färbt die drei in einem Punkt zusammentreffenden Seiten ganz weiß, und die drei übrigen ganz schwarz.)

Hiermit haben wir die einfachsten Aussagen der Pólyaschen Abzähl-Theorie behandelt, und ein eiliger Leser kann hier aufhören.

Wer jedoch Lust hat, einen Einblick in die Anwendungen der Theorie auf Graphen und chemische Verbindungen zu bekommen, möge weiterlesen und von jetzt ab eine zügigere Darstellungsweise in Kauf nehmen.

§ 4. Bäume und Moleküle

4.1: Ein *Baum* ist ein zusammenhängender Graph ohne Kreise, wie z.B.

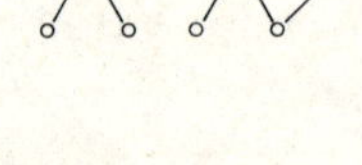

Falls es n Punkte gibt, gibt es $n-1$ Verbindung(sstreck)en. Wir wollen auch den Fall $n=1$ mitrechnen (das sind Bäume mit einem einzelnen Punkt, ohne Verbindungen), aber $n=0$ nicht mehr.

In naheliegender Weise werden wir zwei Bäume als gleich betrachten, wenn sie als Graphen isomorph sind. Das heißt, wenn man die Punktmengen eineindeutig aufeinander beziehen kann, derart daß damit aufeinander bezogene Punktpaare entweder in beiden Bäumen verbunden oder in beiden Bäumen nicht verbunden sind.

Wieviel verschiedene Bäume mit n Punkten gibt es dann?

Man stellt leicht folgende Liste auf:

n	1	2	3	4	5
Anzahl der Bäume	1	1	1	2	3

und zeichnet diese Bäume wie folgt

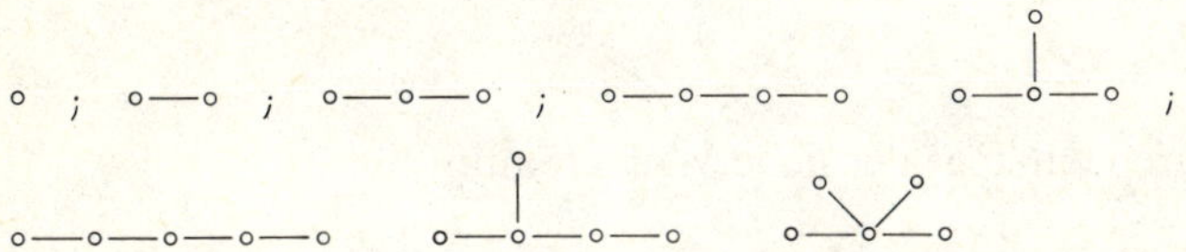

4.2: Es ist in vieler Hinsicht leichter, über Wurzelbäume zu sprechen. Ein Wurzelbaum ist ein Baum, bei dem ein spezieller Punkt als Wurzel ausgezeichnet ist. Auch hier ist es klar, wenn zwei Wurzelbäume als gleich anzusehen sind, und man findet leicht

n	1	2	3	4	5
Anzahl der Wurzelbäume	1	1	2	4	9

und zeichnet diese Bäume

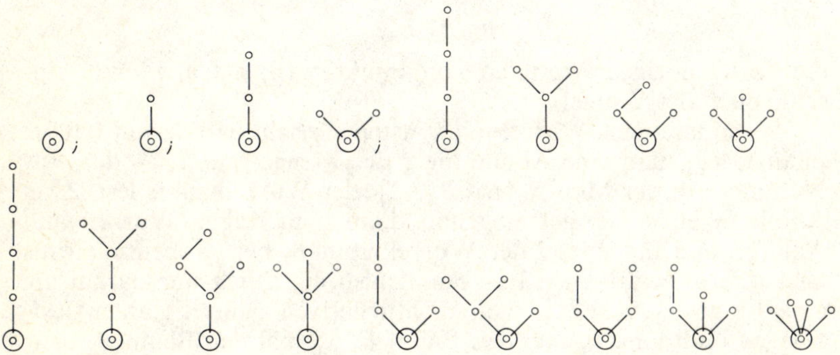

Wurzelbäume sind leichter zu zählen als allgemeine Bäume. Man kann nämlich für Wurzelbäume eine Konstruktionsmethode angeben, bei der man im voraus weiß, daß sie jeden Wurzelbaum genau einmal liefert. Es handelt sich dabei um folgenden rekursiven Prozeß: Um einen Wurzelbaum zu erhalten, nimmt man *entweder* den nur aus einer Wurzel bestehenden Baum, *oder* man nimmt eine Wurzel, versieht sie mit k von ihr ausgehenden Ästen $(k \geq 1)$ und pflanzt auf jeden Ast einen Wurzelbaum. So bekommt man offenbar alle Wurzelbäume mit n Punkten, falls man schon alle Wurzelbäume mit $<n$ Punkten gewonnen hat. Selbstverständlich soll man die Wurzeln der aufzuflanzenden Bäume durch gewöhnliche Punkte ersetzen. Als Beispiel nehmen wir eine Wurzel mit 3 Ästen, darauf pflanzen wir die Bäume.

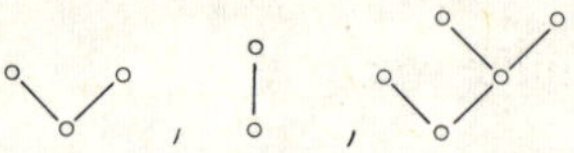

Dadurch entsteht der neue Wurzelbaum.

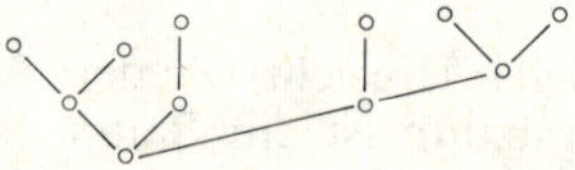

Studieren wir jetzt, wie man dies Verfahren rationalisieren muß, um jeden Wurzelbaum *genau einmal* zu bekommen:

Es sei

$$B_1, B_2, B_3, \ldots$$

eine Aufzählung der verschiedenen Wurzelbäume, und es seien

$$n_1, n_2, n_3, \ldots$$

die dazugehörigen Anzahlen von Punkten (B_i hat n_i Punkte einschließlich der Wurzel).

Wenn man eine Wurzel mit k Ästen versieht und darauf Bäume pflanzt, legt man eine Abbildung s der Menge $\{1, \ldots, k\}$ der Ast-Nummern in der Menge $\{B_1, B_2, \ldots\}$ der Wurzelbäume fest. Zwei Abbildungen s_1, s_2 geben genau dann zum selben Wurzelbaum Anlaß, wenn für jedes j der Wurzelbaum B_j bei s_1 ebenso oft als Bild auftritt wie bei s_2. Es kommt also eigentlich nur darauf an, eine Folge $v_1, v_2, v_3, \ldots$ von nichtnegativen ganzen Zahlen festzulegen und dann v_1-mal den Baum B_1, v_2-mal den Baum B_2 usw.

auf einen der k von der Wurzel ausgehenden Äste zu pflanzen. Der so entstehende Wurzelbaum hat

$$n = 1 + \nu_1 n_1 + \nu_2 n_2 + \cdots \tag{1}$$

Punkte. Der Fall $\nu_1 = \nu_2 = \cdots = 0$ ist mit einbegriffen und gehört zum Fall der „kahlen Wurzel“ ($k=0$). Die Zahlen $\nu_1, \nu_2, \nu_3, \ldots$ legen den damit gebildeten Wurzelbaum bis auf Isomorphie fest; deswegen ist die gewünschte Eineindeutigkeit erreicht.

Nehmen wir jetzt eine Variable z und schreiben formal

$$F(x) = z^{n_1} + z^{n_2} + z^{n_3} + \cdots .$$

(Wir werden uns nicht mit Konvergenzfragen aufhalten und erwähnen beiläufig nur, daß alle hier auftretenden Potenzreihen positive Konvergenzradien haben.)

So können wir diese Reihe als eine *Gewichtssumme* deuten, wenn wir verabreden, daß der Baum B als Gewicht z^n bekommt, falls n die Anzahl der Punkte von B ist:

$$F(z) = \sum_B w(B) . \tag{2}$$

Aus unserer rekursiven Entstehungsweise der Wurzelbäume leiten wir eine Funktionalgleichung für F her. Das Gesamtgewicht der Bäume, die durch Pflanzung von Wurzelbäumen auf einer Wurzel entstehen, ist gleich

$$z \prod_{j=1}^{\infty} (1 + z^{n_j} + z^{2n_j} + \cdots) . \tag{3}$$

Man bekommt nämlich im allgemeinen einen Summanden dieser Entwicklung dadurch, daß man eine Folge $\nu_1, \nu_2, \ldots$ wählt, aus der j-ten Klammer den Summanden $z^{\nu_j n_j}$ nimmt und diese multipliziert. Dadurch erhält man z^n, wobei n durch (1) bestimmt ist.

Wir schließen, daß (2) und (3) identisch sind, was sich (nach Cayley) wie folgt schreiben läßt

$$F(z) = z\, e^{F(z) + \frac{F(z^2)}{2} + \frac{F(z^3)}{3} + \cdots} \tag{4}$$

(man bedenke, daß $1 + u + u^2 + u^3 + \cdots = e^{u + \frac{u^2}{2} + \frac{u^3}{3} + \cdots}$).

Man kann (4) benutzen, um die Koeffizienten von $F(z)$ sukzessive zu berechnen. Wir beachten, daß der Koeffizient von z^n die Anzahl der verschiedenen Wurzelbäume mit n Punkten ist, also

$$F(x) = x + x^2 + 2x^3 + 4x^4 + 9x^5 + \cdots .$$

4.3: Der Leser wird sich fragen, was das alles mit dem Pólyaschen Satz zu tun hat. Eigentlich noch nichts. Der Pólyasche Satz wird später bei der Abzählung gewisser chemischer Verbindungen (Alkohole) eine Rolle spielen; unsere Wurzelbaumzählung hatte nur den Zweck, in einem einfachen Fall die Beziehung zwischen rekursiver Erzeugung und Funktionalgleichungen klar zu machen. Zwar ist es möglich, auch die Wurzelbäume mit Hilfe des Pólyaschen Satzes abzuzählen, aber das macht die Sache komplizierter statt einfacher. Sehen wir sie uns trotzdem an:

Wir nehmen ein festes k und fragen nach den verschiedenen Wurzelbäumen, die man durch Aufpflanzen auf eine Wurzel mit k Ästen erhalten kann. Statt wie zuvor zu sagen, daß es sich nur darum handelt, wie oft $B_1, B_2, \ldots$ benutzt werden, sagen wir jetzt, daß es sich um *Muster* handelt. Die zu färbende Menge ist die Menge der k Äste; die zu betrachtende Gruppe ist die symmetrische Gruppe S_k; die Farbenmenge ist die Menge der Wurzelbäume $B_1, B_2, \ldots$, das Gewicht der „Farbe" B_j ist z^{n_j}. Baumpflanzungen auf unseren k Ästen sind jetzt Färbungen; zwei Baumpflanzungen sind genau dann gleich, wenn sie durch Permutation der Äste in einander übergeführt werden können. Das heißt, daß die verschiedenen (auf k Ästen gepflanzten) Wurzelbäume genau die Muster sind.

Das Gesamtgewicht dieser Bäume ist nach dem Pólyaschen Satz (man beachte daß das Gewicht der Wurzel einen zusätzlichen Faktor hereinbringt)

$$zP_{S_k}\left(\sum_{j=1}^{\infty} z^{n_j}, \sum_{j=1}^{\infty} z^{2n_j}, \ldots\right). \tag{5}$$

Dieser Zyklenzeiger von S_k ist in Beispiel 1.3 berechnet worden. Es ergibt sich jetzt, daß (5) gleich dem Koeffizient von x^k in der Entwicklung von

$$z\exp\left(x\sum_{j=1}^{\infty} z^{n_j} + \frac{x^2}{2}\sum_{j=1}^{\infty} z^{2n_j} + \frac{x^3}{3}\sum_{j=1}^{\infty} z^{3n_j} + \cdots\right),$$

ist, das ist also der Koeffizient von x^k in

$$z\exp\left(xF(z) + \frac{x^2}{2}F(z^2) + \frac{x^3}{3}F(z^3) + \cdots\right). \tag{6}$$

Wir wollen diesen Koeffizienten für $k=0,1,2,\ldots$ berechnen und die gefundenen Werte addieren. Das läuft einfach darauf hinaus, daß wir in (6) $x=1$ substituieren. Damit haben wir also (4) wieder gefunden.

Der Leser wird bemerken, daß wir den Pólyaschen Satz hier für den Fall unendlich vieler Farben angewendet haben, der in unseren früheren Betrachtungen nicht vorkam. Wir werden uns darüber keine Sorgen machen, man kann die Sache in Ordnung bringen.

4.4: Wir betrachten jetzt *B baumförmige Moleküle*, das sind Bäume, wobei jeder Punkt den Namen eines chemischen Elementes trägt. Ein besonders einfaches Beispiel dafür sind die *Alkohole*. Ein Alkoholmolekül ist ein Baum mit zwei Arten von Punkten:

1. Solche, die mit vier anderen Punkten verbunden sind, das sind die C-Atome,

2. Endpunkte, die also nur mit einem anderen Punkt verbunden sind, das sind H-Atome, mit Ausnahme eines einzigen, den wir als Wurzel des Baumes betrachten und der statt einem H eine OH-Gruppe trägt.

Wir zeichnen einige Beispiele

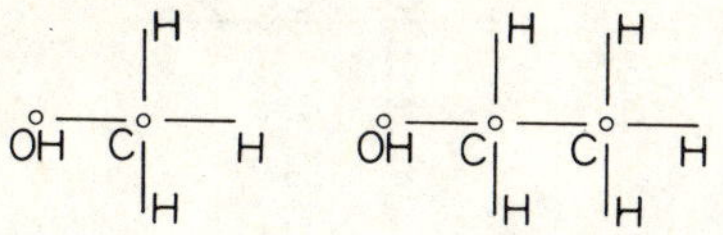

Methylalkohol   Aethylalkohol

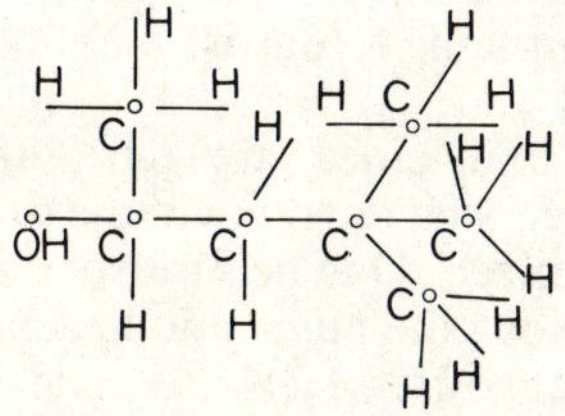

Der einfachste aller Alkohole ist der „Nullalkohol“

OH ∘— H

der unter Liebhabern unter dem Namen „Wasser“ bekannt ist.

Vorläufig nennen wir zwei Alkoholmoleküle genau dann gleich, wenn sie als Wurzelbäume gleich sind. (Später werden wir, bei der Betrachtung von Stereoalkoholen, auch eine andere Gleichheitsdefinition betrachten.)

In derselben rekursiven Weise, die uns die Wurzelbäume lieferte, werden wir nun die Alkohole produzieren. Wir fangen mit einer OH-Gruppe als Wurzel an und pflanzen darauf:

entweder ein H
oder ein C mit drei Ästen versehen.

Im letzten Fall pflanzen wir auf jeden Ast einen Alkohol. „Pflanzen" heißt hier: erst die OH-Gruppe abschneiden, dann pflanzen. Beispielsweise erhält man durch Pflanzen von

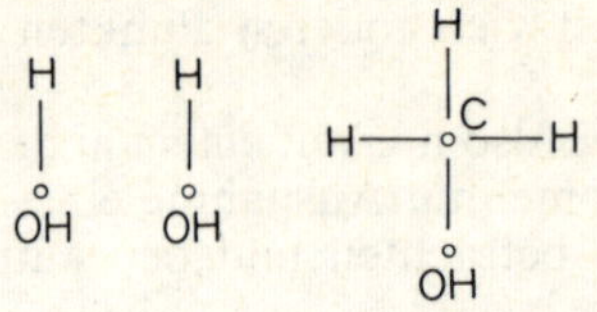

den Alkohol

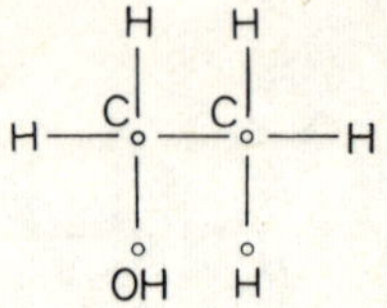

Analog zu der Wurzelbaumbildung in 4.3 können wir die auf OH—C gepflanzten Alkohole als Muster betrachten. Es sei $A_1, A_2, A_3, \ldots$ eine Durchzählung aller Alkoholmoleküle. Mit n_j bezeichnen wir die Anzahl der C-Atome in A_j. Wir nehmen eine Variable z und nennen z^{n_j} das *Gewicht* von A_j (das ist nicht dasselbe wie das Molekulargewicht!).

Nehmen wir den Fall eines einzigen (auf die Wurzel OH gepflanzten) C; es handelt sich darum, auf die drei von C ausgehenden Äste Alkohole zu pflanzen. Das heißt also, daß die Menge der drei Äste gefärbt werden soll; die zugrunde liegende Gruppe ist S_3 (wie in 4.3), die Farbenmenge ist $A_1, A_2, \ldots$ Die verschiedenen so entstandenen Alkohole korrespondieren genau mit den Mustern.

Das Totalgewicht aller Alkohole

$$G(z) = z^{n_1} + z^{n_2} + \cdots$$

läßt sich also durch sich selbst ausdrücken:

$$G(z) = 1 + z\,P_{S_3}\left(\sum_{j=1}^{\infty} z^{n_j},\ \sum_{j=1}^{\infty} z^{2n_j},\ \sum_{j=1}^{\infty} z^{3n_j}\right).$$

(Der Beitrag 1 entspricht dem Fall, daß auf OH nur H gepflanzt wird.)

Wegen

$$P_{S_3}(z_1, z_2, z_3) = \tfrac{1}{6}(z_1^3 + 2\,z_3 + 3\,z_1\,z_2)$$

finden wir

$$G(z) = 1 + \tfrac{1}{6}z\big((G(z))^3 + 2\,G(z^3) + 3\,G(z)\,G(z^2)\big),$$

woraus man die Koeffizienten von $G(x)$ berechnen kann.

4.5: Wir haben in 4.4 die rein graphentheoretischen Gleichheitsdefinition auf Alkohole angewandt. Man kann aber auch eine feinere Unterscheidung machen, indem man die sogenannte *Polarisation* in Betracht zieht. Um das zu erklären, gehen wir von einem primitiven *Stangenmodell* aus.

Ein C-Atom ist ein Punkt, womit vier Stangen starr verbunden sind. Die durch die Stangen gebildeten Winkel sind dadurch definiert, daß das C-Atom im Mittelpunkt eines regelmäßigen Tetraeders steht und die Stangen die Verbindungen mit den vier Ecken des Tetraeders bilden.

Wir stellen uns vor, daß ein Alkoholmolekül so eine Stangenkonstruktion im dreidimensionalen Raum ist. Zwei Teile eines Moleküls, die durch eine Stange verbunden sind, können frei um diese Stange in bezug aufeinander gedreht werden. Durch all diese Drehungen können diese Stangenkonstruktionen ganz komplizierte Bewegungen ausführen. Wir lassen uns nicht dadurch stören, daß Teile des Moleküls sich dabei an anderen Teilen stoßen; man kann Selbstdurchdringung zulassen, oder man kann durch Verlängerung und Verkürzung der Stangen die Durchdringung vermeiden.

Zwei solche Stangenkonstruktionen werden gleich genannt *(„Optisch gleich“)*, falls sie durch zulässige Bewegungen ineinander übergeführt werden können.

Man überzeugt sich leicht davon, daß diese optische Gleichheit nicht dasselbe ist wie die kombinatorische Gleichheit aus 4.4:

Nehmen wir eine der vier Stangen eines C-Atoms in die Hand und pflanzen wir auf die drei weiteren Stangen drei verschiedene Alkohole, so ist die Anordnung, in der dies geschieht, von Bedeutung. Die zugelassenen Stangendrehungen können nur zyklische Permutationen der drei Äste bewirken, aber keine nichtzyklischen.

Das heißt also, daß man bei unserer Alkoholproduktion nicht mehr mit der symmetrischen Gruppe S_3, sondern mit der zyklischen Gruppe Z_3 zu tun hat. Was sich weiter ändert, ist, daß die Farbenmenge nicht mehr aus den *kombinatorisch verschiedenen*, sondern aus den *optisch verschiedenen* Alkoholen besteht.

Jetzt können wir das Gesamtgewicht $H(z)$ für die optisch verschiedenen Alkohole betrachten und ohne weiteres die Funktionalgleichung hinschreiben. Der Zyklenindex ist

$$P_{Z_3}(z_1, z_2, z_3) = \tfrac{1}{3}(z_1^3 + 2z_3),$$

und daher erhalten wir

$$H(z) = 1 + \tfrac{1}{3}z((H(z)^3 + 2H(z^3)),$$

woraus man die Koeffizienten von $H(z)$ berechnen kann.

Wir halten uns nicht mit der Frage auf, ob diese optische Unterscheidung der Alkohole in chemischer Hinsicht interessant ist.

Jedenfalls ist die ganze Sache für die normalen Alkoholisten gleichgültig. Letztgenannte kennen nur die Mischung von Äthylalkohol mit Nullalkohol, und dabei ist die einzige optische Aktivität die des Doppelsehens. Optische Aktivität im Sinne der Polarisation gibt es nicht: Bei der Produktion von Äthylalkohol wird auf drei Ästen einmal Methylalkohol und zweimal Wasser gepflanzt. Sowohl bei S_3 wie bei Z_3 gibt das nur zu einem Muster Anlaß.

4.6 Aufgaben: Ein *Stammbaum* ist ein Wurzelbaum, bei dem von der Wurzel genau ein Ast (der Stamm) ausgeht. Zwei Stammbäume in der Ebene sollen gleich heißen, wenn man sie stetig ineinander überführen kann. Wir betrachten nur diejenigen unter ihnen, bei welchen von jedem Punkt entweder 1 oder 3 Äste ausgehen. Es sei (für $n \geq 1$) k_n der Anzahl solcher Stammbäume mit $n+1$ Punkten und $K(z) = k_1 z + k_2 z^2 + \cdots$. Man zeige, daß

$$K(z) = z + z(K(z))^2$$

gilt und beweise: $k_2 = k_4 = k_6 = \cdots = 0$; $k_{2m+1} = \dfrac{(2m)!}{(m!(m+1)!)}$, also $k_1 = 1$, $k_3 = 1$, $k_5 = 2$, $k_7 = 5$, $k_9 = 14$.

Wir ändern diese Aufgabe dadurch, daß wir die Stammbäume nicht in der Ebene, sondern im Raum betrachten. Statt $k_1, k_2, \ldots, K$ bekommt man dann $l_1, l_2, \ldots, L$. Man zeige unter Benutzung der symmetrischen Gruppe S_2, daß

$$L(z) = z + \tfrac{1}{2} z((L(z))^2 + L(z^2))$$

und leite daraus durch Berechnung einiger Koeffizienten

$$L(x) = z + z^3 + z^5 + 2z^7 + 3z^9 + 6z^{11} + 11z^{13} + \cdots$$

ab.

Literatur

1. Beckenbach, E. F. (ed.): Applied Combinatorial Mathematics. New York: Wiley 1964.
2. Bruijn, N. G. de: Color patterns that are invariant under a given permutation of the colors. Journal of Combinatorial Theory **2**, 418—421 (1967).
3. — Enumeration of tree-shaped molecules. Recent Progress in Combinatorics. W. T. Tutte (ed.), p. 59—68. New York, London: Academic Press 1969.
4. Pólya, G.: Kombinatorische Anzahlbestimmungen für Gruppen, Graphen und chemische Verbindungen. Acta Math. **68**, 145—254 (1937).

Das Kartenfärbungsproblem

G. Ringel

Ob wir die politische Landkarte Europas, die Zerlegung der Schweiz in Kantone, die der USA in ihre Einzelstaaten oder auch irgendeine selbsterfundene Landkarte auf einer Insel betrachten, immer stehen die Hersteller einer solchen Landkarte vor der folgenden Aufgabe:

Der Übersicht halber sollen je zwei benachbarte Länder in verschiedenen Farben dargestellt werden; insgesamt sollen aber möglichst wenig verschiedene Farben benutzt werden. Unter Kartographen galt als Erfahrungstatsache, daß man mit vier Farben auskommt, wenn man die Verteilung auf die Länder geschickt vornimmt.

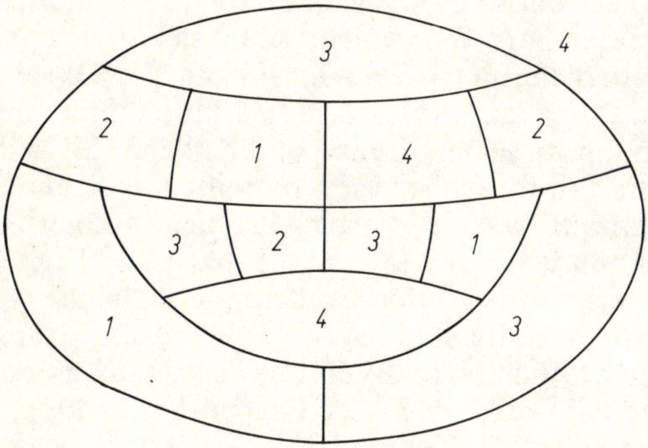

Abb. 1

Abb. 1 zeigt ein Beispiel einer Landkarte, deren Länder mit vier Farben 1, 2, 3, 4 gefärbt sind. Wir können das „Außengebiet", das die Farbe vier erhalten hat, etwa als das Meer auffassen, das übrige als eine in Länder zerlegte Insel. So ist Abb. 1 eine Landkarte auf der Ebene. Jedoch läßt sich Abb. 1 auch als eine Landkarte auf der Kugeloberfläche – wir sagen fortan immer kurz: auf der Kugel – auffassen; hierbei ist das „Außenland" etwa als die hintere Halbkugel zu denken. Für die Färbungsaufgabe ist es natürlich gleichgültig, ob wir Landkarten mit endlich vielen Ländern in der Ebene oder auf der Kugel betrachten. Aus einem bestimmten Grund wollen wir jetzt nur Landkarten auf der Kugel ins Auge fassen. Ein Land soll stets zusammenhängend sein; nicht etwa wie Deutschland vor dem 2. Weltkrieg. Zwei Länder heißen benachbart, wenn sie eine gemeinsame Grenze (Kante) haben. Die Staaten Utah und Arizona z. B. sind nicht benachbart, denn sie haben nur eine Ecke gemeinsam.

Eine Landkarte auf der Kugel, also eine Zerlegung der Kugel in Länder, heißt mit vier Farben *zulässig färbbar*, wenn man jedem Land eine von vier Farben derart zuordnen kann, daß je zwei benachbarte Länder verschiedene Farben erhalten. Bis heute wissen die Mathematiker keine Antwort auf die Frage: *Läßt sich jede Landkarte auf der Kugel mit vier Farben zulässig färben?*

Alle noch so komplizierten Landkarten auf der Kugel, die man sich ausdachte, erwiesen sich stets als mit vier Farben zulässig färbbar. So glaubt man, daß die obige Frage mit ja zu beantworten ist. Dies ist die sogenannte Vier-Farben-Vermutung. Bisher konnte man weder beweisen, daß sie richtig ist, noch durch ein Gegenbeispiel zeigen, daß die Vermutung falsch ist. Diese ungelöste Frage nennt man das Vier-Farben-Problem.

Über seine Entdeckungsgeschichte ist wenig bekannt. Es ist umstritten und wohl sehr ungewiß, ob die Mathematiker Euler und Möbius das Vier-Farben-Problem schon gekannt haben. Die erste gesicherte Überlieferung ist ein Brief vom 23. Oktober 1852 von Augustus de Morgan, Professor für Mathematik am University College, London, an seinen Freund und Kollegen Sir William Rowan Hamilton am Trinity College. Er schreibt hierin, daß einer seiner Studenten ihn auf das Vier-Farben-Problem aufmerksam gemacht habe. Dieser Student der Mathematik hatte die Frage von seinem Bruder Francis Guthrie, der Student der Chemie war. Der berühmte englische Mathematiker A. Cayley machte durch Veröffentlichungen die Mathematiker-Welt mit dem Problem bekannt.

Der erste „Beweis“ der Vier-Farben-Vermutung wurde 1879 von Rechtsanwalt A.B. Kempe [5] publiziert. Erst 1890 entdeckte P.J. Heawood [2] einen Fehler in Kempes Beweis und bewies die bescheidenere Aussage, daß jede Landkarte auf der Kugel mit fünf Farben zulässig gefärbt werden kann.

In letzter Zeit gibt es Mathematiker, z.B. der bekannte Graphentheoretiker Oystein Ore [7], die nicht mehr so recht glauben, daß die Vermutung überhaupt richtig ist, sondern daß es Landkarten mit ziemlich hoher Länderzahl geben könnte, die nicht mit vier Farben zulässig färbbar sind. Würde das wirklich zutreffen, so brauchte man sich nicht mehr zu wundern, daß die vielen großen und ernsthaften Bemühungen der Mathematiker in den letzten

100 Jahren, die Vier-Farben-Vermutung zu beweisen, immer wieder fehlschlugen.

Sehr merkwürdig ist, daß dieses Farbenproblem, das für die Kugel bzw. Ebene so schwierig ist, viel leichter wird, wenn man kompliziertere Flächen, z.B. die Oberfläche eines Fahrradschlauches, genannt Torus, betrachtet. Schon 1890 bewies Heawood [2], daß jede Landkarte auf dem Torus mit sieben Farben zulässig gefärbt werden kann und daß es Landkarten gibt, die nicht mit sechs Farben zulässig färbbar sind. Damit war das Farbenproblem auf dem Torus auf Anhieb gelöst.

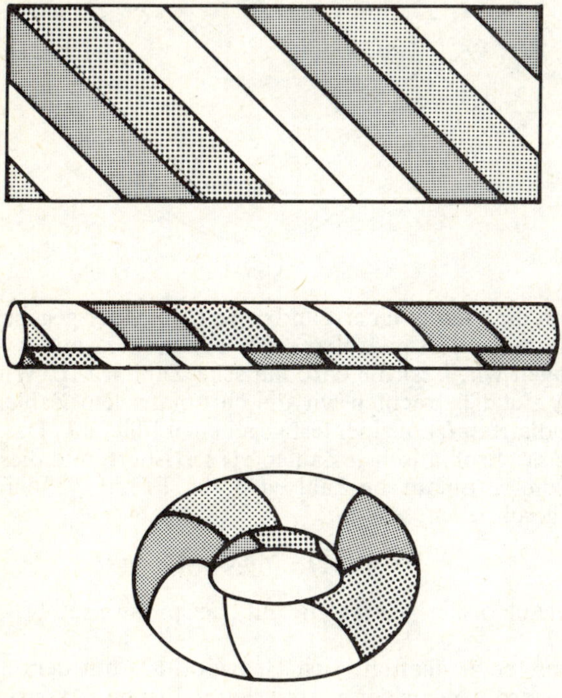

Abb. 2

Abb. 2 zeigt, wie aus einem Rechteck (gedacht aus sehr flexiblem Material, etwa aus Gummi) durch Identifizieren (ankleben) der oberen Seitenkante mit der unteren, sowie der linken mit der rechten Kante ein Torus (Fahrradschlauch) entsteht. Gleichzeitig ist eine Landkarte auf dem Torus dargestellt, die aus genau sieben Ländern besteht, wobei jedes Land zu jedem anderen benachbart ist. Diese Landkarte ist also sicher nicht mit sechs Farben färbbar.

Abb. 3 stellt eine Kugel mit drei aufgesetzten Henkeln dar. Die Oberfläche dieses Henkelkörpers ist ein Modell der sogenannten geschlossenen orientierbaren Fläche F_3 vom Geschlechte 3. Mit F_p bezeichnen wir allgemein eine Kugel mit p Henkeln. So ist F_0 die Kugel und F_1 der Torus. Um auch für eine beliebig gegebene Fläche F das Färbungsproblem einfach formulieren zu können, führen wir folgende Bezeichnung ein:

Abb. 3

Wenn die Länder einer Landkarte L auf einer gegebenen Fläche mit k Farben zulässig färbbar sind, jedoch nicht mit $k-1$ Farben, dann sagen wir, k ist die chromatische Zahl von L. Wir schreiben $k=\chi(L)$. Jetzt betrachten wir die chromatischen Zahlen $\chi(L)$ für alle Landkarten L auf einer fest gegebenen Fläche F. Das Maximum aller dieser chromatischen Zahlen $\chi(L)$ existiert, und dies definieren wir als die chromatische Zahl $\chi(F)$ der Fläche F. In Formeln sei dies so geschrieben:

$$\chi(F)=\operatorname*{Max}_{L\subset F}\chi(L).$$

Nach dem bisher Gesagten gilt beispielsweise $\chi(F_0)\leqq 5$ und $\chi(F_1)=7$.

Als erster beschäftigte sich Heawood [2] mit dem allgemeinen Färbungsproblem auf der orientierbaren Fläche F_p vom Geschlechte p. Er fand 1890 für die chromatische Zahl $\chi(F_p)$ die Abschätzung

$$(1)\qquad \chi(F_p)\leqq\left[\frac{7+\sqrt{1+48p}}{2}\right]\quad \text{für } p\geqq 1.$$

Wir werden in diesem Aufsatz die Aussage (1) beweisen. Das Symbol der eckigen Klammern bedeutet:

> $[a]$ ist gleich der größten ganzen Zahl $\leqq a$, z. B. ist $[\pi]=3$, $[\sqrt{2}]=1$.

Es sei bemerkt, daß Heawoods Beweis zu (1) nur für alle $p \geqq 1$ funktioniert. Wäre (1) auch für $p=0$ richtig, so ergäbe sich $\chi(F_0) \leqq 4$; das wäre die Lösung des Vier-Farben-Problems.

Die Aussage, daß in (1) statt des Zeichens $\leq$ stets nur das Zeichen $=$ gilt, wurde als die Heawoodsche Vermutung bezeichnet. Heffter [3] bewies dieselbe für $p=2$ bis 6 und für eine gewisse Klasse von weiteren Geschlechtszahlen p. Danach ist für mehr als sechs Jahrzehnte kein Fortschritt mehr erzielt worden. Erst in den Jahren nach 1954 wurden weitere Teilergebnisse gewonnen, und 1968 wurde die endgültige Lösung des Färbungsproblems auf der orientierbaren Fläche vom Geschlechte $p>0$ durch G. Ringel und J.W.T. Youngs [13] gefunden. Die Heawoodsche Vermutung erwies sich als richtig:

$$(2) \qquad \chi(F_p) = \left[\frac{7+\sqrt{1+48p}}{2}\right] \quad \text{für } p \geqq 1.$$

Um klarzumachen, was die Formel (2) aussagt, setzen wir einmal die drei speziellen Werte $p=220$, $p=221$, $p=222$ in die Formel (2) ein. Wir erhalten

$$\chi(F_{220})=54,$$
$$\chi(F_{221})=55,$$
$$\chi(F_{222})=55.$$

Das bedeutet z.B., daß jede Landkarte auf einer Kugel mit 221 Henkeln mit 55 Farben zulässig färbbar ist, aber nicht jede Landkarte auf F_{221} ist mit weniger als 55 Farben zulässig färbbar.

Es ist nicht möglich, den vollen Beweis zu (2) hier in diesem Aufsatz zu präsentieren. Aber wir werden für einen der 12 Hauptfälle die Aussage (2) beweisen, nämlich für alle Zahlen p, für die die rechte Seite in (2) kongruent $7 \pmod{12}$ ist, d.h. gleich einer der Zahlen

$$7, 19, 31, 43, 55, \ldots$$

ist. Bei diesem Hauptfall kann der Leser die wichtigsten Beweisideen kennenlernen, wenngleich eigentlich jeder der 12 Hauptfälle andere kombinatorische Konstruktionstricks erfordert.

Es sei bemerkt, daß es außer den Flächen F_p $(p=0,1,2,\ldots)$ noch andere geschlossene Flächen gibt, nämlich die sogenannten nichtorientierbaren Flächen vom Geschlechte q für $q=1,2,\ldots$ Man kann beweisen, daß es sonst keine geschlossenen Flächen gibt. Auch für diese nichtorientierbaren Flächen ist die chromatische Zahl bereits genau bestimmt worden (Ringel [10]). Die Beweise von Ringel wurden von Youngs [16] [17] wesentlich vereinfacht. Somit gilt kurioserweise: Die einfachste aller geschlossenen Flächen, nämlich die Kugel, ist die einzige, für die das Färbungsproblem ungelöst ist.

Der Beweis zu (2) wird mit einer außergewöhnlichen kombinatorischen Raffinesse geführt. Schon seit Heffter [3] wird zuerst eine ganz andere Frage behandelt, die in Hilbert-Cohn-Vossen [4] das „Fadenproblem" genannt wird. Aus seiner Lösung folgt dann ziemlich leicht die Formel (2). Das Fadenproblem besteht in der folgenden Frage: *Es sei* $n \geqq 3$ *gegeben.*

Es soll die kleinste Henkelzahl $\gamma(n)$ *so bestimmt werden, daß man auf der Fläche* $F_{\gamma(n)}$ *genau n Punkte auswählen und dann jeden mit jedem durch eine einfache Kurve auf der Fläche derart verbinden kann, daß je zwei Verbindungskurven sich nicht überkreuzen.*

Als Beispiel ist $\gamma(4)=0$; denn man kann bereits auf der Kugel ohne Henkel vier Punkte – jeden mit jedem – in gewünschter Weise verbinden. (Man vergleiche in Abb. 5 den Graphen G_2.)

Als zweites Beispiel ist $\gamma(7) \leqq 1$, denn auf dem Torus lassen sich sieben Punkte – wie aus Abb. 4 ersichtlich ist – jeder mit jedem verbinden. (Man muß wie in Abb. 2 gegenüberliegende Seiten des Rechtecks identifizieren.) Man kann außerdem beweisen, daß es

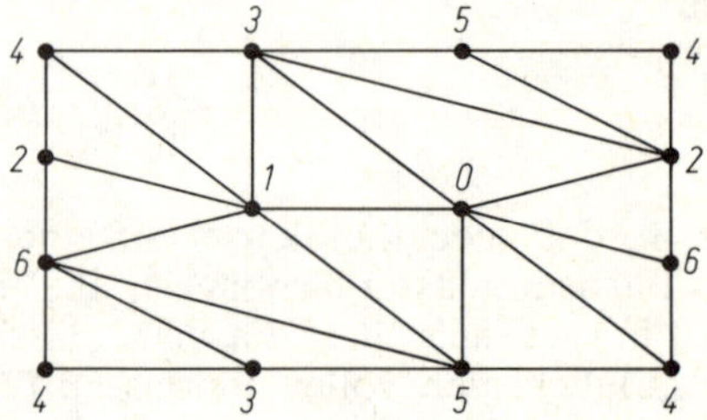

Abb. 4

unmöglich ist, auf der Kugel sieben Punkte (ja sogar fünf Punkte) paarweise ohne Überschneidung durch Kurvenstücke zu verbinden, also ist $\gamma(7)=1$.

Die allgemeine Formel für $\gamma(n)$ lautet

$$\gamma(n) = \left\{\frac{(n-3)(n-4)}{12}\right\} \quad \text{für } n \geqq 3. \tag{3}$$

Hierbei bedeutet $\{a\}$ die kleinste ganze Zahl $\geqq a$. Dieses Symbol wird scherzhaft als das „Kellnersymbol" bezeichnet, weil Kellner gern nach oben aufrunden. Setzen wir als Beispiel $n=55$, so besagt (3), daß $\gamma(55)=221$ ist, d.h. daß man auf der Fläche F_{221} 55 Punkte paarweise durch je ein Kurvenstück auf der Fläche verbinden kann, ohne daß diese sich überschneiden. Das sind im ganzen $\binom{55}{2}=1485$ Kurvenstücke. Die Formel $\gamma(55)=221$ besagt außerdem, daß eine solche Konstruktion für 55 Punkte auf F_{220} nicht möglich ist.

Die Formel (3) ist die Lösung des Fadenproblems. Ihr Beweis ist in dieser Allgemeinheit erst 1968 gefunden worden. Wie wir später sehen werden, läßt sich aus der Richtigkeit von (3) die Gültigkeit von (2) nachweisen. Daher ist die Geschichte der Lösung des Färbungsproblems für F_p, nämlich der Nachweis von (2), identisch mit der Geschichte des Fadenproblems.

Im Jahre 1891 bewies Heffter [3] die Gleichung (3) für alle $n \leqq 12$ und für eine weitere, allerdings sehr spezielle Klasse von Zahlen n. 1952 zeigte Ringel [9] die Formel (3) für den Spezialfall $n = 13$ und 1954 in [10] für alle Zahlen $n \equiv 5 \pmod{12}$.

Im Jahre 1961 löste er [12] dann noch die drei weiteren Fälle $n \equiv 7, 10, 3 \pmod{12}$.

In den Jahren 1962 bis 1966 wurden durch die Amerikaner Gustin [1], Terry, Welch und Youngs [14] der Reihe nach die Fälle $n \equiv 4, 0, 1, 9$ und $6 \pmod{12}$ bewältigt. Einige dieser Fälle sind leider bis jetzt noch nicht publiziert; dies wird aber nachgeholt (Journal of Combinatorial Theory).

Mit vereinten Kräften gingen im Herbst 1967 G. Ringel und J.W.T. Youngs daran, die drei restlichen Fälle $n \equiv 2, 8, 1 \pmod{12}$ zu bearbeiten. Ende 1967 waren die Lösungen tatsächlich für alle drei Fälle gefunden und wurden später z.T. noch wesentlich vereinfacht.

Damit war noch nicht alles erledigt; manche Lösungsmethoden funktionierten nur für einen gewissen Mindestwert von n, so daß Ende 1967 noch die sieben Spezialfälle $n = 18, 20, 23, 30, 35, 47, 59$ offen geblieben waren. Ohne zu wissen, daß manche dieser niedrigen Fälle nun sehr aktuell geworden waren, beschäftigte sich J. Mayer [6], Professor für französische Literatur an der Universität in Montpellier, mit diesen Fragen und konnte tatsächlich den Beweis zu (3) für alle $n \leqq 23$ erbringen.

Im Februar 1968 hielten Ringel und Youngs gemeinsam einen Vortrag auf einer Graphentheorie-Tagung in Michigan und erwähnten, daß nur noch vier Spezialfälle offen waren. Bei der Nachsitzung zeigten sie, welche kombinatorischen Einzelheiten, z.B. im Fall 59, noch zu leisten wären. Einer der Zuhörer, R. Guy, probierte daraufhin die ganze Nacht und hatte am Morgen die Lösung für $n = 59$.

Ringel und Youngs lösten dann noch die beiden Fälle $n = 35, 47$. Als letzter Einzelfall wurde $n = 30$ Ende Februar 1968 von Mayer [6] und – unabhängig davon – Anfang März 1968 von Youngs gelöst. Seine Lösung ist leicht zu überblicken; die von Mayer ist durch bewundernswertes, mehr oder weniger planvolles Experimentieren gefunden worden. Daß seine Lösung wirklich richtig ist, wurde in Santa Cruz (Californien) durch einen Computer bestätigt.

Im folgenden beschäftigen wir uns mit den in dieser Einleitung angekündigten Beweisen. Zu diesem Zweck werden zunächst die graphentheoretischen Grundlagen entwickelt.

§ 1. Grundbegriffe der Graphentheorie

Es ist hier nicht nötig, die abstrakte allgemeinste Definition für den Begriff „Graph" zu geben; wir kommen ohne weiteres mit einer geometrisch-anschaulichen aus.

Ein *Graph* ist ein geometrisches Gebilde von der folgenden Art: Im Raum seien gewisse Punkte (genannt Eckpunkte) gegeben. Manche Eckpunktpaare seien durch eine einfache Kurve (genannt Kante) verbunden. Ein Graph besteht also aus Eckpunkten und Kanten. Jede Kante verbindet zwei dieser Eckpunkte miteinander. Zum Beispiel bilden die 8 Ecken und 12 Kanten eines Würfels einen Graphen. Dieser Würfelgraph ist in Abb. 5 als erster links, G_1, dargestellt. Beim Graphen kommt es nicht auf die genaue Lage der Eckpunkte und die Form der Kanten an. Die Kanten müssen nicht Strecken sein, sie können gekrümmte einfache Kurvenstücke sein. Es kommt sozusagen nur auf die kombinatorischen Verhältnisse an. Beim Zeichnen eines Graphen in der Ebene läßt es sich manchmal nicht vermeiden, daß zwei Kanten sich kreuzen. Ein solcher Kreuzungspunkt gilt dann nicht als Eckpunkt. Dies kommt hier in drei von den abgebildeten Graphen in Abb. 5 vor. Man könnte

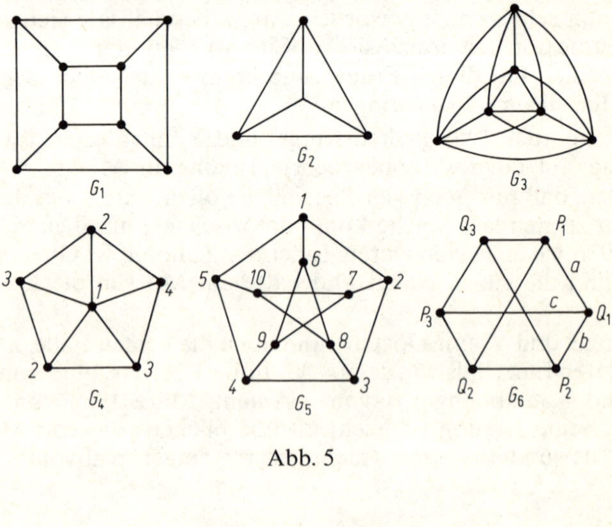

Abb. 5

sich diese Graphen im dreidimensionalen Raum etwa als Drahtmodelle vorstellen. Bei endlich vielen Eckpunkten und Kanten läßt sich im Raum ein Kreuzen von Kanten stets vermeiden.

Die Eckpunkte werden wir meist mit großen lateinischen Buchstaben P, Q usw. bezeichnen, und für die Kanten verwenden wir kleine lateinische Buchstaben. So sehen wir im Graphen G_6 in Abb. 5, daß die Kante a die beiden Eckpunkte P_1 und Q_1 verbindet. Wir sagen auch, P_1 und Q_1 sind die beiden Eckpunkte von a oder a *inzidiert* mit P_1 und a inzidiert auch mit Q_1. Zur Bezeichnung einer Kante können wir auch die beiden Eckpunkte verwenden, wir schreiben $a = P_1 Q_1$.

Wenn zwei Eckpunkte durch eine Kante verbunden sind, heißen sie *benachbarte Eckpunkte*. So sind P_1 und Q_1 benachbart, während z.B. Q_1 und Q_3 nicht benachbart sind. Einen Graphen kann man am leichtesten beschreiben mit Hilfe einer Zeichnung; man kann aber natürlich auch anstelle dessen eine Liste aller Eckpunkte und aller Kanten angeben, wobei ersichtlich sein muß, welche Kante mit welchem Eckpunkt inzidiert. Für den Graph G_6 rechts unten in Abb. 5 lautet sie:

Eckpunkte: $P_1, Q_1, P_2, Q_2, P_3, Q_3$;
Kanten: $P_1Q_1, P_1Q_2, P_1Q_3, P_2Q_1, P_2Q_2, P_2Q_3,$
P_3Q_1, P_3Q_2, P_3Q_3.

Wenn wie hier die Kanten als Paare bezeichnet sind, ist die Liste der Eckpunkte eigentlich überflüssig; sie läßt sich aus der Liste der Kanten rekonstruieren. Wenn allerdings der Graph isolierte Eckpunkte hat, das sind solche, die mit keiner Kante inzidieren, so müßten diese natürlich angegeben werden. Meist werden nur Graphen ohne isolierte Eckpunkte betrachtet.

Bei einem *Graphen* wird normalerweise, wie wir dies hier auch tun, verlangt, daß zwei Eckpunkte höchstens durch eine Kante verbunden sein dürfen. Es gibt aber auch den etwas allgemeineren Begriff des *Multigraphen*. Beim Multigraph darf es vorkommen, daß zwei Eckpunkte durch mehr als eine Kante verbunden sind; wir sagen, es gibt Zweiecke. Außerdem ist es im Multigraph erlaubt, daß eine Kante nur mit einem einzigen Eckpunkt inzidiert; eine solche Kante heißt eine Schlinge. Früher nannte man das, was hier Multigraph heißt, einfach Graph. Die hier gewählte Terminologie hat sich, insbesondere in den USA, durchgesetzt. In diesem Aufsatz werden wir uns nur mit endlichen Graphen beschäftigen, d.h. mit Graphen, in denen die Menge der Eckpunkte und somit auch die Menge der Kanten endlich sind.

Vergleichen wir jetzt den Graphen G_6 in Abb. 5 mit dem Graphen rechts in Abb. 6. In beiden Graphen sind für die sechs Eckpunkte dieselben Buchstaben $P_1, P_2, P_3, Q_1, Q_2, Q_3$ verwendet worden. Wir beobachten, daß in beiden Graphen auch genau dieselben Paare benachbart sind. Man sagt, die beiden Graphen sind isomorph. Ebenso ist der Graph G_5 in Abb. 5 zum Graphen links in Abb. 6 isomorph. Die Definition für „Isomorphie" von Graphen könnten wir so fassen: Zwei Graphen G und G' heißen *isomorph*, wenn sie gleich viel Ecken haben und wenn sich die Ecken von G mit $1, 2, \ldots,$ und die Ecken von G' auch mit $1, 2, \ldots$ derart numerieren lassen, daß die Ecke i von G mit der Ecke k von G genau dann in G benachbart ist, wenn die Ecke i von G' mit der Ecke k von G' in G' benachbart ist.

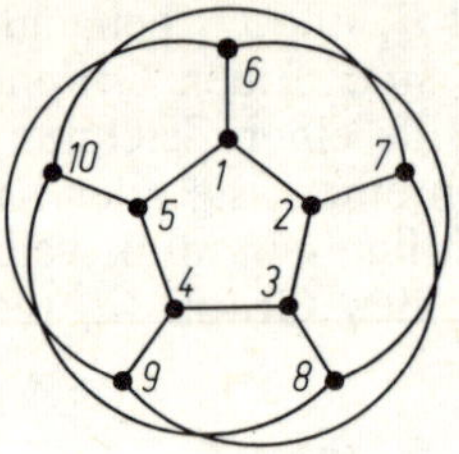

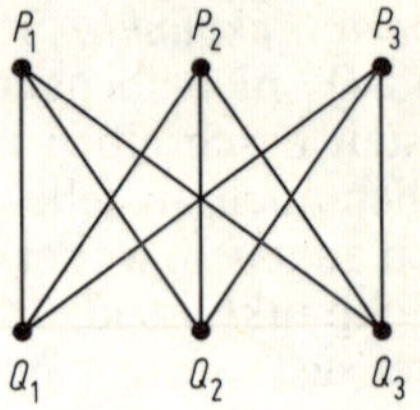

Abb. 6

Ein Graph H heißt ein *Teilgraph* von G, wenn jede Ecke und jede Kante von H zu G gehören. G selbst ist natürlich auch ein Teilgraph von G. Wenn H verschieden von G ist, so heißt H ein *echter Teilgraph*. Läßt man z.B. in einem Graphen eine Kante weg, so erhält man einen echten Teilgraphen. In Abb. 5 ist der Graph G_4 isomorph zu einem echten Teilgraphen von G_3.

Eine alternierende Folge

$$A_1, b_1, A_2, b_2, \ldots, A_{t-1}, b_{t-1}, A_t$$

von Ecken und Kanten in einem Graphen G heißt eine *Kantenfolge* von A_1 nach A_t, wenn je zwei benachbarte Elemente der Folge miteinander inzident sind und $A_i \neq A_{i+1}$ ist für $i = 1, \ldots, t-1$. Eine Kantenfolge ist also ganz einfach ein Spaziergang von A_1 nach A_t entlang von Kanten, wobei es lediglich verboten ist, inmitten (im Innern von) einer Kante umzukehren. Man darf aber z.B. eine Kante ganz durchlaufen und dann sofort auf derselben Kante wieder zurückgehen. In einer Kantenfolge ist es erlaubt, daß sich Ecken oder Kanten wiederholen. Wenn sich in einer Kantenfolge keine Ecke wiederholt (dann wiederholt sich auch keine Kante), so heißt die Kantenfolge ein *Weg*. Ein Weg ist sozusagen ein Spaziergang ohne Umwege. Wenn der erste Eckpunkt A_1 mit dem letzten A_t identisch ist, so heißt die obige Kantenfolge eine *geschlossene*

Kantenfolge. Ein geschlossener Weg wird auch *Kreis* genannt. Die Anzahl der Kanten in einem Weg heißt die *Länge* des Weges. Entsprechend ist die Länge eines Kreises definiert.

Im Graphen G_1 von Abb. 5 hat z.B. der längste Kreis die Länge 8, der kürzeste die Länge 4. Auch in G_6 in Abb. 5 ist jeder Kreis von geradzahliger Länge. Die anderen Graphen von Abb. 5 haben auch Kreise mit ungerader Länge.

Ein Graph G heißt *zusammenhängend*, wenn zu je zwei Ecken P, Q stets ein Weg von P nach Q in G existiert. So ist jeder der sechs Graphen von Abb. 5 zusammenhängend. Natürlich kann man auch die gesamte Abb. 5 als einen einzigen Graphen auffassen, der dann nicht zusammenhängend ist, er besteht, wie man sagt, aus sechs zusammenhängenden Komponenten.

Die Anzahl der Kanten, die mit einem Eckpunkt P inzidieren, heißt der *Grad* von P in G. So haben z.B. alle Ecken im Graphen G_3 den Grad 5.

Wir wollen jetzt die Ecken eines gegebenen Graphen G färben, und zwar so, daß je zwei benachbarte Ecken verschieden gefärbt sind. Das nennen wir eine *zulässige* Färbung. Etwas präziser ausgedrückt: Eine zulässige Färbung eines Graphen G ist eine Einteilung der Menge der Ecken von G in Klassen derart, daß je zwei benachbarte Ecken stets in verschiedenen Klassen liegen. Die Klassen sind dann ganz einfach als die verschiedenen Farben zu interpretieren.

So ist durch die angegebene Numerierung der Ecken im Graphen G_4 von Abb. 5 eine zulässige Färbung von G_4 mit vier Farben gegeben. Man kann zeigen, daß die Ecken dieses Graphen G_4 nicht mit nur drei Farben zulässig färbbar sind: Angenommen, es sei doch möglich, so müssen die drei Ecken des unteren Dreiecks mit drei verschiedenen Farben – etwa wie in der Abb. mit 1, 2, 3 – gefärbt sein. Dann muß der linke Eckpunkt die Farbe 3 bekommen, dann der obere die Farbe 2. Nun ist der rechte Eckpunkt zu drei Ecken mit verschiedenen Farben benachbart; daher ist eine vierte Farbe unbedingt erforderlich.

Unter der chromatischen Zahl $\chi(G)$ eines Graphen G verstehen wir die kleinstmögliche Zahl n derart, daß die Ecken von G mit n Farben zulässig färbbar sind. Die Gleichung $\chi(G)=m$ bedeutet also, daß die Ecken von G mit m Farben zulässig färbbar sind, aber nicht mit $m-1$. So sind z.B. die chromatischen Zahlen der Graphen $G_1, G_2, G_3, G_4, G_5, G_6$ von Abb. 5 der Reihe nach gleich 2, 4, 6, 4, 3, 2.

Ein Graph G heißt *kritisch*, wenn jeder echte Teilgraph von G eine kleinere chromatische Zahl als G hat. Wenn k eine Kante eines Graphen G ist, so bezeichnen wir mit $G-k$ denjenigen Graphen, der aus G durch Entfernen der Kante k entsteht, dabei sollen die beiden Ecken von k in $G-k$ bleiben. Ein Graph G ohne isolierte Ecken ist also genau dann kritisch, wenn für jede Kante k aus G

$$\chi(G-k)<\chi(G)$$

ist.

Von den Graphen in Abb. 5 sind G_2, G_3 und G_4 kritische Graphen, die anderen nicht. Wenn man z.B. in G_4 irgendeine Kante wegläßt, so läßt sich der verbleibende Graph mit drei Farben zulässig färben.

Satz 1: *Jeder endliche Graph G enthält einen kritischen Teilgraphen H mit $\chi(H)=\chi(G)$.*

Beweis: Es gibt Teilgraphen T von G mit $\chi(T)=\chi(G)$, denn z.B. ist G selbst so ein Teilgraph. Unter all diesen Teilgraphen T mit $\chi(T)=\chi(G)$ nehmen wir einen mit möglichst wenig Kanten und möglichst wenig Ecken. Dieser ist sicher kritisch.

Satz 2: *Wenn G ein kritischer Graph mit der chromatischen Zahl $\chi(G)=\chi$ ist, so ist der Grad jedes Eckpunktes mindestens gleich $\chi-1$.*

Zum Beweis nehmen wir im Gegenteil an, daß der kritische Graph G einen Eckpunkt P vom Grade $g<\chi-1$ enthält. Wir bilden den Graphen $G-P$, der aus G durch Entfernen von P und allen mit P inzidierenden Kanten entsteht. $G-P$ ist ein echter Teilgraph von G. Da G kritisch ist, ist $\chi(G-P)<\chi(G)$. Es existiert also eine zulässige Färbung der Eckpunkte von $G-P$ mit höchstens $\chi-1$ Farben. Eine solche Färbung sei gegeben.

Auf die g Eckpunkte, die in G mit P benachbart sind, sind bei dieser Färbung insgesamt höchstens $g \leqq \chi-2$ verschiedene Farben verbraucht worden. Von den zur Verfügung stehenden $\chi-1$ Farben ist daher noch mindestens eine vorhanden, die man dem Eckpunkt P zuordnen kann, um eine zulässige Färbung aller Eckpunkte von G mit nur $\chi-1$ Farben zu erhalten. Dies ist ein Widerspruch, weil $\chi(G)=\chi$ vorausgesetzt war. Daher gibt es keinen Eckpunkt vom Grade $\leqq \chi-2$, und Satz 2 ist bewiesen.

Satz 3: *Wenn G ein kritischer Graph mit α_0 Eckpunkten und α_1 Kanten ist, so gilt für seine chromatische Zahl $\chi=\chi(G)$ die Ungleichung $(\chi-1)\alpha_0 \leqq 2\alpha_1$.*

Um Satz 3 zu beweisen, betrachten wir zunächst einen beliebigen Graphen G mit den Eckpunkten $P_1, P_2, \ldots, P_{\alpha_0}$. Der Grad von P_i sei g_i $(i=1,2,\ldots,\alpha_0)$. Dann gilt

$$\sum_{i=1}^{\alpha_0} g_i = 2\alpha_1,$$

denn jede Kante inzidiert mit genau zwei Ecken. Wenn nun G kritisch ist mit $\chi(G)=\chi$, so folgt nach Satz 2, daß $g_i \geqq \chi-1$ ist für $i=1,\ldots,\alpha_0$.

Somit folgt

$$(\chi-1)\alpha_0 \leqq 2\alpha_1$$

und Satz 3 ist bewiesen.

Unter dem *vollständigen Graphen* K_n mit n Eckpunkten versteht man den folgenden: K_n hat n Eckpunkte, und jeder ist mit jedem durch eine Kante verbunden; das sind also $\binom{n}{2}$ Kanten. Abb. 5 enthält zwei Beispiele: Der Graph G_2 ist gleich einem K_4 und G_3 gleich einem vollständigen Graphen mit sechs Ecken. Natürlich ist $\chi(K_n)=n$.

§ 2. Die Heawoodsche Ungleichung

Es sei ein Graph G auf der Kugel F_0 ohne Überschneidung der Kanten eingezeichnet. Das soll heißen, die Ecken von G sind verschiedene Punkte auf F_0, und die Kanten sind einfache Kurvenstücke, wobei je zwei dieser Kurvenstücke höchstens einen Endpunkt gemeinsam haben. Wenn eine solche Einbettung von G in F_0 möglich ist, so heißt G ein *plättbarer Graph*. Beispiele von plättbaren Graphen sind: der vollständige Graph K_4, die Graphen $G_1, G_2=K_4, G_4$ von Abb. 5. Eine Landkarte auf F_0 entsteht durch einen auf F_0 eingezeichneten Graphen G. Die Kanten von G sind dann die Grenzen der Länder. Bei Landkarten wollen wir stets zusätzlich voraussetzen, daß die Flächenstücke, d.h. die Länder, in die F_0 durch G zerlegt wird, sogenannte Elementarflächenstücke sind. In Abb. 7 sind drei Beispiele von Flächenstücken, die *keine* Elementarflächenstücke sind: ein Kreisring, ein Flächenstück, das zu sich selbst benachbart ist, eines mit „doppeltem Eckpunkt".

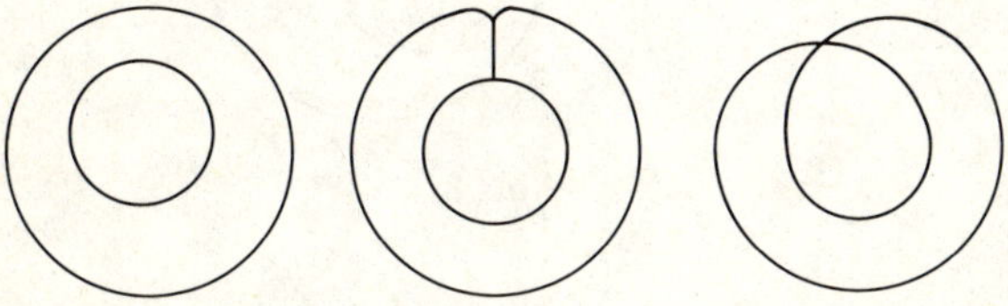

Abb. 7

Um die exakte Definition zu erwähnen: Ein Elementarflächenstück ist das „topologische Bild" einer abgeschlossenen Kreisscheibe.

Für Landkarten auf der Kugel gilt die Eulersche Polyederformel

(4) $$\alpha_0 - \alpha_1 + \alpha_2 = 2\,.$$

Hierin bedeutet α_0 die Anzahl der Eckpunkte, α_1 die Anzahl der Kanten und α_2 die Anzahl der Länder. Da wir diese Formel (4) hier nicht beweisen (siehe etwa [8]), seien ein paar Beispiele genannt. In der Landkarte von Abb. 1 ist $\alpha_0 = 21$, $\alpha_1 = 32$ und $\alpha_2 = 13$. Hierbei darf man stets das „Außenland" nicht vergessen zu zählen! Für die durch die drei Graphen G_1, G_2 und G_4 von Abb. 5 erzeugten Landkarten ergibt sich für die linke Seite von (4):

$$8-12+6, \quad 4-6+4, \quad 6-10+6\,.$$

Das ist tatsächlich jedesmal gleich 2.

Der folgende Satz bezieht sich auf plättbare Graphen, die nicht notwendig die Kugel in Elementarflächenstücke zerlegen; er besagt, daß ein plättbarer Graph bei gegebener Eckenzahl nicht allzuviele Kanten haben kann.

Satz 4: *Wenn G ein plättbarer Graph mit $\alpha_0 \geqq 3$ Eckpunkten und α_1 Kanten ist, so gilt $\alpha_1 \leqq 3\alpha_0 - 6$.*

Zum Beweis sei G ein plättbarer Graph, gezeichnet auf der Kugel, mit α_0 Ecken und α_1 Kanten. G zerlegt die Kugel in lauter Flächenstücke, es sind nicht notwendig lauter Elementarflächenstücke wie im Beispiel von Abb. 8 gezeigt ist.

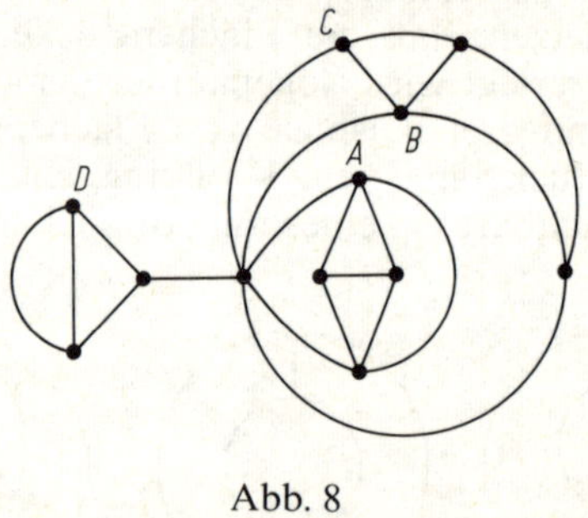

Abb. 8

Nun vergrößern wir den Graphen G durch Hinzufügen von Kanten nach folgendem Rezept. Wenn zwei noch nicht durch eine Kante verbundene Ecken sich auf der Kugel so verbinden lassen, daß die anderen Kanten nicht überkreuzt werden, so wird diese neue Kante eingefügt (z.B. A mit B oder C mit D in Abb. 8 wird verbunden). Dieses Verfahren wird so lange durchgeführt, bis keine neue Kante mehr eingefügt werden kann. Die Zahl der Ecken bleibt konstant. Der entstehende Graph G' zerlegt die Kugel in lauter Dreiecke; sonst könnte man weitere Kanten einfügen. Wir wollen überlegen, wie groß die Anzahl α'_2 der Dreiecke in dieser Einbettung von G' in F_0 ist. Jedes Dreieck inzidiert mit drei Kanten und jede Kante mit zwei Dreiecken. Daher ist $3\alpha'_2 = 2\alpha'_1$. Wir wenden jetzt die Eulersche Polyederformel (4) an, es ergibt sich

$$\alpha_0 - \alpha'_1 + \tfrac{2}{3}\alpha'_1 = 2, \quad \text{d.h.} \quad \alpha'_1 = 3\alpha_0 - 6 .$$

Wegen $\alpha_1 \leqq \alpha'_1$ folgt sofort Satz 4.

Satz 5: *Wenn G ein plättbarer Graph ist, so ist seine chromatische Zahl* $\chi(G) \leqq 6$.

Beweis: Nach Satz 1 enthält G einen kritischen Teilgraphen H mit $\chi(H) = \chi(G) = \chi$. Der Teilgraph H ist natürlich auch plättbar. Wenn α_0 bzw. α_1 die Anzahl der Ecken bzw. Kanten in H ist, so gilt wegen Satz 3 und Satz 4:

$$(\chi - 1)\alpha_0 \leqq 2\alpha_1, \qquad \alpha_1 \leqq 3\alpha_0 - 6 .$$

Daraus folgt

$$(\chi - 1)\alpha_0 \leqq 6\alpha_0 - 12 \quad \text{und} \quad \chi - 1 \leqq 6 - \frac{12}{\alpha_0} .$$

Es folgt $\chi - 1 < 6$, und weil χ ganz ist, sogar

$$\chi - 1 \leqq 5 .$$

Damit ist Satz 5 bewiesen.

Satz 6: *Die chromatische Zahl* $\chi(F_0)$ *der Kugel ist höchstens gleich* 6.

Es sei L eine Landkarte auf der Kugel. Wir wählen in jedem Land von L im Innern einen Punkt – etwa als Hauptstadt des Landes gedacht.

Dann werden je zwei Hauptstädte von benachbarten Ländern durch eine Kante verbunden. Diese neuen Kanten können so gewählt werden, daß sie sich untereinander nicht schneiden. So erhalten wir einen plättbaren Graphen $G(L)$, die sogenannte duale Zerlegung zu L. In Abb. 9 ist der zur Landkarte von Abb. 1 gehörige duale Komplex eingezeichnet. Zwei Hauptstädte (Ecken in $G(L)$) sind dann und nur dann benachbart in $G(L)$, wenn die beiden betreffenden Länder in L benachbart sind. Daher ist

$\chi(L)=\chi(G(L))$. Wegen Satz 5 folgt $\chi(L)\leqq 6$. Die gegebene Landkarte ist also mit sechs Farben zulässig färbbar, und Satz 6 ist bewiesen.

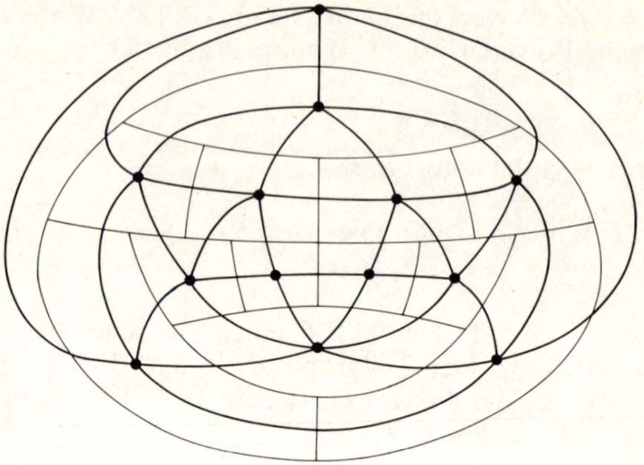

Abb. 9

Bemerkung: Die beiden Sätze 5 und 6 sind eigentlich ein enttäuschendes Ergebnis, da ja bereits bekannt ist, daß man mit fünf Farben stets auskommt (siehe z.B. Ringel [11]). Und auch das gilt schon als sehr bescheiden, weil ja $\chi(F_0)=4$ vermutet wird. Wir haben hier dieses schwache Resultat $\chi(F_0)\leqq 6$ deshalb hergeleitet, weil dieselbe Methode, aber jetzt angewandt auf die orientierbare Fläche F_p vom Geschlechte $p\geqq 1$, merkwürdigerweise viel wirkungsvoller ist und tatsächlich das schärfstmögliche Resultat, nämlich die Heawoodsche Ungleichung (1), liefert.

Wir wollen also den ganzen Beweis auf die Fläche F_p übertragen. Zunächst lautet die Eulersche Formel für eine Landkarte auf F_p:

(5) $$\alpha_0-\alpha_1+\alpha_2=2-2p\,.$$

Hierbei ist vorausgesetzt, daß alle einzelnen Flächenstücke, also die Länder, wirklich Elementarflächenstücke sind. Wir können (5) hier nicht beweisen (vgl. etwa [11]). Ein Beispiel ist die durch Abb. 4 gegebene Landkarte auf dem Torus. Hier ist $\alpha_0=7$, $\alpha_1=21$, $\alpha_2=14$, $p=1$.

Wenn G ein Graph ist, so verstehen wir unter dem Geschlecht $\gamma(G)$ das kleinstmögliche Geschlecht einer orientierbaren Fläche, auf der sich der Graph G ohne Überkreuzen der Kanten einzeichnen läßt. Die Gleichung $p=\gamma(G)$ heißt also, daß sich G in F_p, aber nicht in F_{p-1} einbetten läßt. Beispielsweise sind die plättbaren Graphen genau diejenigen, die vom Geschlechte 0 sind.

Als Beispiel wollen wir das Geschlecht des vollständigen Graphen K_5 bestimmen. Da K_5 ein Teilgraph von K_7 ist und K_7 laut Abb. 4 in einen Torus einbettbar ist, folgt

$$\gamma(K_5) \leqq 1 .$$

Wenn $\gamma(K_5)=0$, also K_5 plättbar wäre, so folgte nach Satz 4 wegen $\alpha_0=5$, $\alpha_1=10$ die Ungleichung $10 \leqq 15-6=9$. Dies ist ein Widerspruch; daher ist

$$\gamma(K_5)=1 .$$

In den folgenden Sätzen 7, 7a, 7b ist G ein zusammenhängender Graph mit der Eckenzahl $\alpha_0 \geq 3$ und der Kantenzahl α_1.

Satz 7: *Wenn G einbettbar ist in die orientierbare Fläche F_p vom Geschlechte p, so gilt* $\alpha_1 \leqq 3\alpha_0 + 6p - 6$.

Zum Beweis sei $\gamma(G)=p'$, wobei natürlich $p' \leqq p$ ist. Es gibt also eine Einbettung von G in $F_{p'}$. Hierbei wird $F_{p'}$ durch G in Flächenstücke zerlegt. Es gibt einen Satz [15], der besagt, daß alle diese Flächenstücke Elementarflächenstücke sind[1]. Den ausführlichen Beweis dafür können wir hier nicht geben. Man kann anschaulich ungefähr so schließen: Wenn λ ein Flächenstück in dieser Einbettung von G in $F_{p'}$ ist und λ hat mehrere Randkurven oder ist selbst von höherem Geschlecht, d.h. λ enthält mindestens einen Henkel, so nehme man dieses λ aus der Fläche $F_{p'}$ heraus; man erhält eine Fläche mit einer oder mehreren Randkurven, sozusagen mit Löchern. Jede dieser Randkurven wird nun einzeln durch ein Elementarflächenstück wieder verschlossen. Dabei entsteht wieder eine geschlossene orientierbare Fläche, auf der nach wie vor G eingezeichnet ist; die neue Fläche hat aber niedrigeres Geschlecht, und das ist ein Widerspruch. Wir können also annehmen, daß die Einbettung von G in $F_{p'}$ nur Elementarflächenstücke, d.h. Dreiecke, Vierecke, Fünfecke, ... enthält. Wenn λ eines dieser Elementarflächenstücke ist und wenn λ kein Dreieck ist, so läßt sich λ durch Einfügen einer oder mehrerer neuer Kanten (als Diagonalen) in Dreiecke zerlegen. Hierbei werden keine neuen Ecken gebraucht. So verfahren wir, bis alle Flächenstücke Dreiecke sind. Dabei kann es vorkommen, daß das neue 1-dimensionale Gebilde G', nämlich

[1] Um genau zu sein, $F_{p'}-G$ besteht aus lauter offenen topologischen Kreisscheiben.

G mit den neuen Kanten, kein Graph, sondern ein Multigraph ist. G' enthält nämlich möglicherweise Zweiecke, das sind geschlossene Wege der Länge zwei; diese Zweiecke treten aber bei der Einbettung von G' in $F_{p'}$ nicht als Flächenzweiecke auf, sondern G' zerlegt $F_{p'}$ nach Konstruktion in lauter Dreiecke.

Als Beispiel betrachten wir K_5 mit $\gamma(K_5)=1$. In Abb. 10 stellen die ausgezogenen Linien eine Einbettung von K_5 in den Torus dar. Um daraus eine Triangulation des Torus zu machen, haben wir fünf weitere Kanten (strichliert) einzufügen. Alle 15 Kanten und fünf Ecken bilden dann einen Multigraphen (mit fünf Zweiecken).

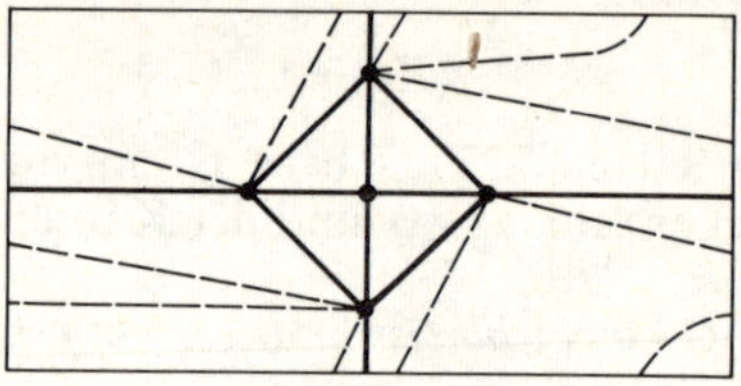

Abb. 10

Nun wenden wir auf die durch den Multigraphen G' hervorgerufene Dreieckszerlegung von $F_{p'}$ die Eulersche Polyederformel (5) an. Es ist $\alpha_0=\alpha_0'$ die Anzahl der Ecken in G und in G', während für die Kantenzahlen $\alpha_1 \leqq \alpha_1'$ gilt. Die Anzahl der Dreiecke ist gleich $\frac{2}{3}\alpha_1'$, weil jede Kante von G' mit zwei Dreiecken und jedes Dreieck mit drei Kanten von G' inzidiert. Aus (5) folgt

$$\alpha_0-\alpha_1'+\tfrac{2}{3}\alpha_1'=2-2p', \qquad \alpha_1'=3\alpha_0+6p'-6.$$

Wegen $\alpha_1 \leqq \alpha_1'$ und $p' \leqq p$ folgt die Ungleichung in Satz 7.

Satz 7a: *Wenn eine Einbettung von G in F_p existiert und $\alpha_1=3\alpha_0+6p-6$ ist, so ist $\gamma(G)=p$, und die Einbettung von G in F_p ist eine Dreieckszerlegung.*

Beweis: Es sei $\gamma(G)=p' \leqq p$. Es gibt also eine Einbettung von G in $F_{p'}$. Auf diese Einbettung wenden wir das Verfahren des Beweises von Satz 7 an. Wir erhalten

$$\alpha_1 \leqq \alpha_1'=3\alpha_0+6p'-6 \leqq 3\alpha_0+6p-6.$$

Wegen der in Satz 7a vorausgesetzten Gleichung sind beide Zeichen $\leqq$ in Wirklichkeit Gleichheitszeichen, also ist $\alpha_1=\alpha_1'$, d.h. $G=G'$, somit liegt eine Dreieckszerlegung vor. Außerdem folgt $p=p'$.
Es gilt auch die folgende Umkehrung von Satz 7a.

Satz 7b: *Wenn eine Einbettung von G in eine Fläche F_p existiert, die nur lauter Dreiecke als Flächenstücke enthält, so ist $\gamma(G)=p$ und $\alpha_1=3\alpha_0+6p-6$.*

Beweis: Für die gegebene Dreieckszerlegung gilt $2\alpha_1=3\alpha_2$, wenn α_2 die Anzahl der Dreiecke ist.

Setzt man dies in die Eulersche Polyederformel (5) ein, so erhält man die behauptete Gleichung. Aus Satz 7a folgt dann auch $\gamma(G)=p$.

Satz 8: *Für einen Graphen G mit dem Geschlechte $\gamma(G)=p\geqq 1$ ist die chromatische Zahl*

$$\chi(G)\leqq\left[\frac{7+\sqrt{1+48p}}{2}\right].$$

Beweis: Der gegebene Graph G enthält einen kritischen Teilgraphen G' mit $\chi(G')=\chi(G)=\chi$.

Für die Ecken- und Kantenzahlen von G und G' gilt:

$$\alpha_0'\leqq\alpha_0,\qquad \alpha_1'\leqq\alpha_1.$$

Da G in F_p einbettbar ist, so ist G' auch in F_p einbettbar. Nach Satz 7 folgt

$$\alpha_1'\leqq 3\alpha_0'+6p-6.$$

Da G' kritisch ist, folgt nach Satz 3 weiter

$$(\chi-1)\alpha_0'\leqq 2\alpha_1'.$$

Aus den beiden obigen Ungleichungen ergibt sich

$$(\chi-1)\alpha_0'\leqq 6\alpha_0'+12p-12,$$

$$\chi-1\leqq 6+\frac{12p-12}{\alpha_0'}. \tag{6}$$

Weil $\chi(G')=\chi$ ist, gilt $\alpha_0'\geqq\chi$. Da außerdem $p\geqq 1$ vorausgesetzt ist, folgt weiter

$$\chi-1\leqq 6+\frac{12p-12}{\chi}, \tag{7}$$

$$\chi^2-\chi\leqq 6\chi+12p-12,$$

$$\chi^2-7\chi+12-12p\leqq 0.$$

Es folgt

$$\left(\chi-\frac{7+\sqrt{1+48p}}{2}\right)\left(\chi-\frac{7-\sqrt{1+48p}}{2}\right)\leqq 0. \tag{8}$$

Wegen $p \geqq 1$ gilt für den zweiten Faktor

$$\chi - \frac{7-\sqrt{1+48p}}{2} \geqq \chi,$$

und χ ist größer als 0, da wir voraussetzen können, daß G mindestens eine Ecke enthält. Daher ist der rechte Faktor in (8) größer als Null. Somit folgt

$$\chi - \frac{7+\sqrt{1+48p}}{2} \leqq 0,$$

$$\chi \leqq \frac{7+\sqrt{1+48p}}{2}.$$

Wenn wir nun noch ausnützen, daß χ eine ganze Zahl ist, dürfen wir rechts noch eckige Klammern anbringen, womit Satz 8 bewiesen ist.

Nun wollen wir die chromatische Zahl $\chi(F_p)$ der orientierbaren Fläche vom Geschlechte $p \geqq 1$ abschätzen. Nach Definition gibt es eine Landkarte L mit $\chi(L)=\chi(F_p)$. Im Innern jedes Landes von L wählen wir einen Punkt als Hauptstadt und verbinden je zwei zu benachbarten Ländern gehörige Hauptstädte durch eine Kante. Wir erhalten einen Graphen G_L, der auf F_p ohne Überschneidung der Kanten gezeichnet werden kann. Wegen $\chi(F_p)=\chi(L)=\chi(G_L)$ folgt nun aus Satz 8 die Heawoodsche Ungleichung (1).

Bemerkung: Man wird immer wieder gefragt, *woran liegt es, daß dieser Beweis der Heawoodschen Ungleichung* (1) *nicht für* $p=0$ *funktioniert?* Da kann man leider nur antworten, daß beim Übergang von Ungleichung (6) zu Ungleichung (7) $p \geqq 1$ unbedingt gebraucht wird, so daß der Fall $p=0$ eine Sonderbetrachtung erfordert, die man aber nicht kennt.

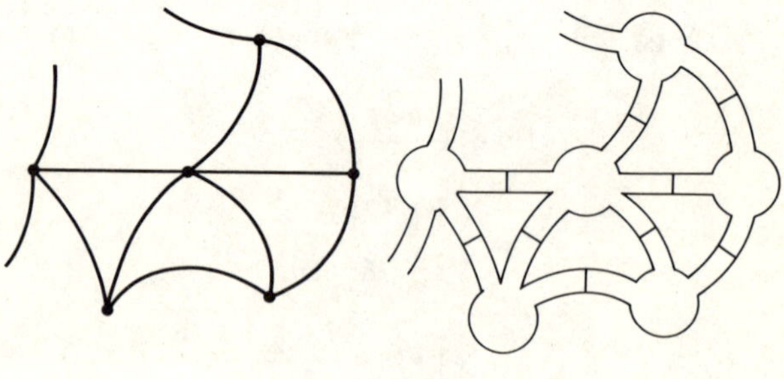

Abb. 11

Satz 9: *Wenn* $\gamma(G)=p$ *ist, so ist* $\chi(G)\leqq\chi(F_p)$.

Beweis: Der Graph G läßt sich auf F_p ohne Überschneidung der Kanten einzeichnen. Wir wählen um jeden Eckpunkt von G eine „kleine" Kreisscheibe, jede Kante wird zu einer „schmalen Straße" verbreitert, dann wird in der Mitte jeder Kante eine Grenze (Zollschranke) wie in Abb. 11 errichtet. Wenn man die restlichen Teile der Fläche F_p noch irgendwie in Elementarflächenstücke unterteilt, so erhält man eine Landkarte L, deren chromatische Zahl gewiß mindestens gleich der von G ist; also ist

$$\chi(G)\leqq\chi(L)\leqq\chi(F_p)\,.$$

§ 3. Das Fadenproblem

Der Leser wird leicht erkennen, daß die in der Einleitung definierte Zahl $\gamma(n)$ gleich dem Geschlecht $\gamma(K_n)$ des vollständigen Graphen K_n ist. Dieser Graph hat $n=\alpha_0$ Eckpunkte und $\alpha_1=\binom{n}{2}$ Kanten, es folgt aus Satz 7 die Ungleichung

$$6\gamma(K_n)\geqq\alpha_1-3\alpha_0+6\,,$$
$$12\gamma(K_n)\geqq n(n-1)-6n+12=n^2-7n+12\,,$$
$$\gamma(K_n)\geqq\frac{(n-3)(n-4)}{12}\,. \tag{9}$$

Außerdem folgt aus Satz 7a und 7b der

Satz 10: *In* (9) *gilt dann und nur dann das Gleichheitszeichen, wenn es eine Einbettung von* K_n *in irgendeine passend gewählte geschlossene orientierbare Fläche derart gibt, daß nur Dreiecke als Flächenstücke auftreten.*

Natürlich kann dieser Sachverhalt höchstens dann eintreten, wenn $(n-3)(n-4)$ durch 12 teilbar ist; das sind die sogenannten regulären Fälle $n\equiv 0,3,4$ oder $7 \pmod{12}$. Ein Beispiel ist das Tetraeder auf der Kugel; das ist eine Dreieckseinbettung von K_4. Ein zweites ist die Einbettung von K_7 in den Torus laut Abb. 4. Man beobachte, daß hier nur Dreiecke auftreten.

In der Einleitung erwähnten wir, daß die Gleichung

$$\gamma(K_n)=\left\{\frac{(n-3)(n-4)}{12}\right\}\quad\text{für } n\geqq 3 \tag{3}$$

bewiesen worden ist. In den regulären Fällen $n \equiv 0, 3, 4$ oder $7 \pmod{12}$ ist (3) natürlich gleichbedeutend mit dem Gleichheitszeichen in (9). Im Falle $n \equiv 7 \pmod{12}$ werden wir hier den Beweis tatsächlich vorführen.

Zunächst wollen wir aber zeigen, wie aus (3) die Formel (2) für die chromatische Zahl folgt. *Es sei also* (3) *für jedes* $n \geqq 3$ *vorausgesetzt.*

Es sei $p \geqq 1$ beliebig gegeben. Dazu gibt es ein $n \geqq 7$ mit

$$\gamma(n) = \left\{\frac{(n-3)(n-4)}{12}\right\} \leqq p < \left\{\frac{(n-2)(n-3)}{12}\right\} = \gamma(n+1).$$

Aus formalen Gründen schreiben wir $\gamma(n)$ statt $\gamma(K_n)$. Es folgt weiter

$$0 < n^2 - 5n + 6 - 12p,$$

$$0 < \left(n - \frac{5 + \sqrt{1+48p}}{2}\right)\left(n - \frac{5 - \sqrt{1+48p}}{2}\right).$$

Wegen $n \geqq 7$ ist der zweite Faktor positiv.

Somit folgt

$$(10) \qquad 0 < n - \frac{5 + \sqrt{1+48p}}{2}, \quad \text{d.h.} \quad \frac{7 + \sqrt{1+48p}}{2} - 1 < n.$$

Aus Satz 9 folgt für $G = K_n$ mit $\gamma(K_n) = \gamma(n)$ und $\chi(K_n) = n$ die Ungleichung

$$(11) \qquad n \leqq \chi(F_{\gamma(n)}).$$

Es ist leicht zu sehen, daß bei wachsendem Geschlecht die chromatische Zahl nicht abnimmt, d.h. wegen $\gamma(n) \leqq p$ ist

$$(12) \qquad \chi(F_{\gamma(n)}) \leqq \chi(F_p).$$

Aus (10), (11), (12) und der bereits bewiesenen Ungleichung (1) folgt

$$\frac{7 + \sqrt{1+48p}}{2} - 1 < \chi(F_p) \leqq \frac{7 + \sqrt{1+48p}}{2}.$$

Hiermit ist die Gleichung (2) gezeigt, wenn (3) vorausgesetzt ist.

Wie wollen wir nun (3) beweisen? Für $n = 7$ z.B. wird (3) mit Hilfe von Satz 10 und Abb. 4 bewiesen. Die Abb. 4 zeigt, daß es wirklich eine in Satz 10 gewünschte Dreieckseinbettung von K_7 gibt. Für größere Zahlen n brauchen wir etwas, was die Zeichnung ersetzt. Man kann jede Dreieckseinbettung durch ein kombinatorisches Schema beschreiben. Wir erklären dies im Falle $n=7$. Die sieben Eckpunkte der durch Abb. 4 gegebenen Dreieckseinbettung von K_7 werden mit 0,1,2,3,4,5,6 bezeichnet. Am besten benützen wir jetzt Abb. 12, die dieselbe Einbettung darstellt. Jeder Eckpunkt bekommt eine Orientierung, d.h. eine Rotationsrichtung wie in Abb. 12. Dies kann so gemacht werden, daß die beiden Rotationen der Eckpunkte einer Kante wie in Abb. 13 oben „zueinanderpassen", d.h. der eine Pfeil durchstößt die Kante von oben nach unten, der andere umgekehrt.

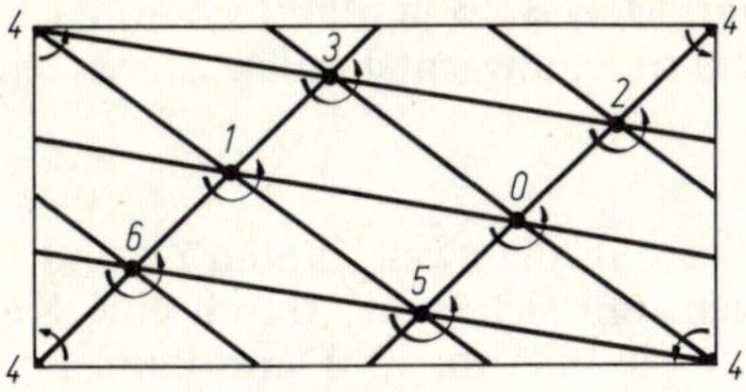

Abb. 12

Nun stellen wir uns auf den Eckpunkt 0 und sehen, daß die sechs mit 0 inzidierenden Kanten durch die Orientierung in einer bestimmten Reihenfolge gegeben sind. Nach der Kante, die zu 2 führt, kommt die nach 3, dann 1 usw. Die Nachbarecken von 0 liegen also in der zyklischen Reihenfolge 2 3 1 5 4 6 um die Ecke 0 herum. Eine solche zyklische Reihenfolge wollen wir nicht nur für die Ecke 0 ablesen, sondern auch für die Ecken 1, 2 usw. So erhalten wir das Schema

	0.	2	3	1	5	4	6
	1.	3	4	2	6	5	0
	2.	4	5	3	0	6	1
(S_7)	3.	5	6	4	1	0	2
	4.	6	0	5	2	1	3
	5.	0	1	6	3	2	4
	6.	1	2	0	4	3	5

Die Zeilen in diesem Schema sind zyklisch zu lesen, d.h. in der 0-ten Zeile kommt nach der 6 die 2.

Schauen wir uns (S_7) näher an. Greifen wir irgendzwei nebeneinanderstehende Nummern heraus, etwa in der zweiten Zeile das

Paar 5 3. Dazu finden wir in der dritten Zeile das Paar 2 5 nebeneinander. Tatsächlich gilt allgemein diese

Dreiecksregel: *Wenn in der i-ten Zeile*

$$i. \ldots c\, a \ldots$$

steht, so steht in der a-ten Zeile

$$a. \ldots i\, c \ldots$$

Um dies zu beweisen, braucht man nicht in (S_7) alle Möglichkeiten durchzuprobieren. Man weiß ja, daß (S_7) in der beschriebenen Art aus einer Dreieckszerlegung entstanden ist. Setzen wir also voraus, daß in (S_7)

$$i. \ldots c\, a \ldots$$

steht, so heißt das, daß die zwei Kanten $i\,c$ und $i\,a$ auf der Fläche aufeinander folgen und sich daher durch eine Kante $c\,a$ zu einem Dreieck ergänzen wie in Abb. 13. Dann kann man aber sofort ablesen, daß $a. \ldots i\, c \ldots$ in der a-ten Zeile stehen muß.

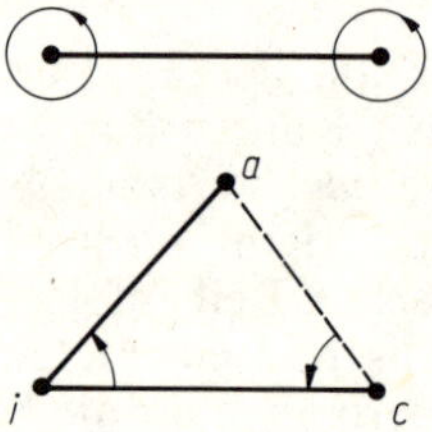

Abb. 13

Bemerkung: Man kann aus Abb. 13 auch noch ablesen, daß in der c-ten Zeile $c. \ldots a\, i \ldots$ steht. Dies erhält man aber auch durch zweimaliges Anwenden der Dreiecksregel.

Betrachten wir jetzt einen anderen Fall, nämlich $n=12$. Angenommen, es gäbe eine Dreieckseinbettung von K_{12} in eine orientierbare Fläche, dann kann man die Ecken numerieren und orientieren wie im vorigen Beispiel. Man erhielte ebenso ein Schema (S_{12}), in welchem die Dreiecksregel gilt.

Jetzt ist aber die Lage umgekehrt, wir wissen zunächst nicht, ob wirklich eine Dreieckseinbettung von K_{12} existiert. Durch langes Probieren können wir aber ein Schema S_{12} finden:

	0.	2	1	11	3	7	5	10	9	6	8	4
	1.	2	3	4	5	6	7	8	9	10	11	0
	2.	3	1	0	4	9	8	5	11	7	10	6
	3.	4	1	2	6	5	8	10	7	0	11	9
	4.	5	1	3	9	2	0	8	7	11	6	10
	5.	6	1	4	10	0	7	9	11	2	8	3
(S_{12})	6.	7	1	5	3	2	10	4	11	8	0	9
	7.	8	1	6	9	5	0	3	10	2	11	4
	8.	9	1	7	4	0	6	11	10	3	5	2
	9.	10	1	8	2	4	3	11	5	7	6	0
	10.	11	1	9	0	5	4	6	2	7	3	8
	11.	0	1	10	8	6	4	7	2	5	9	3

Man kann tatsächlich beweisen: *Wenn ein Schema S_n, in dem die Dreiecksregel gilt, existiert, so existiert auch eine Dreieckseinbettung von K_n in eine geschlossene orientierbare Fläche.*

Den detaillierten Beweis können wir hier nicht vorführen (siehe Ringel [11]). Die Idee ist folgende: Es sei beispielsweise das Schema S_{12} gegeben.

Wir wollen eine dazu passende Dreieckszerlegung konstruieren. Diese müßte jedenfalls 12 Ecken und $\binom{12}{2}=66$ Kanten haben. Wegen $2\alpha_1=3\alpha_2$ müßte die Anzahl der Dreiecke gleich 44 sein.

Also beginnen wir mit 44 einzelnen Dreiecken. Wir numerieren die Ecken dieser Dreiecke wie folgt. Wenn im gegebenen Schema (S_{12}) in der i-ten Zeile $i.\dots ca\dots$ steht, so bezeichnen wir die drei Ecken eines Dreiecks mit i,c,a, falls bisher noch keines dieser Dreiecke mit i,c,a bezeichnet worden ist. So bekommen wir z.B. ein Dreieck 0,8,6; ein Dreieck 123; ein Dreieck 326 usw. Nun werden je zwei Kanten von verschiedenen Dreiecken aber mit übereinstimmend bezeichneten Ecken identifiziert. So werden z.B. die beiden Dreiecke 123 und 326 an der Kante 23 so aneinandergeklebt, daß Ecke 2 auf Ecke 2 und Ecke 3 auf Ecke 3 fällt.

Es ist leicht nachzuprüfen, daß hierbei jede Kante eines Dreiecks mit einer Kante eines anderen Dreiecks identifiziert wird und keine Kante übrig bleibt. Es entsteht also eine Fläche ohne Rand, d.h. eine geschlossene Fläche. Daß dies hier wirklich die Fläche F_6 ist, kann nur mit Hilfe des sog. Fundamentalsatzes für geschlossene Flächen [11] begründet werden.

Wie finden wir nun solche Schemata S_n? Diese kombinatorische Aufgabe ist für sich allein bereits sehr reizvoll, selbst wenn man nicht wüßte, daß sie für geschlossene Flächen von Bedeutung ist.

Wir geben jetzt einen vollständigen Beweis dafür, *daß für jedes* $n \equiv 7 \pmod{12}$ *ein Schema* S_n *mit Dreiecksregel existiert.*

Wenn wir uns noch einmal das Schema S_7 anschauen, entdecken wir, daß die $(i+1)$-te Zeile durch Addition mit $+1$ aus der i-ten Zeile hervorgeht, wenn man mit den Nummern wie mit den Restklassen (mod 7) rechnet. Ein solches Schema S_n nennen wir ein *zyklisches* Schema.

Ein zyklisches Schema S_n ist also durch die 0-te Zeile bereits eindeutig bestimmt, die anderen Zeilen ergeben sich durch Addition (mod n). Das Schema S_{12} ist übrigens nicht zyklisch; man kann zeigen, daß es kein zyklisches S_{12} gibt.

Wir wollen jetzt ein zyklisches Schema S_{43} konstruieren. Dazu müßten wir die 0-te Zeile finden, also eine Permutation der Restklassen $1, 2, \ldots, 42 \pmod{43}$ oder, was dasselbe ist, der Restklassen $\pm 1, \pm 2, \ldots, \pm 21$.

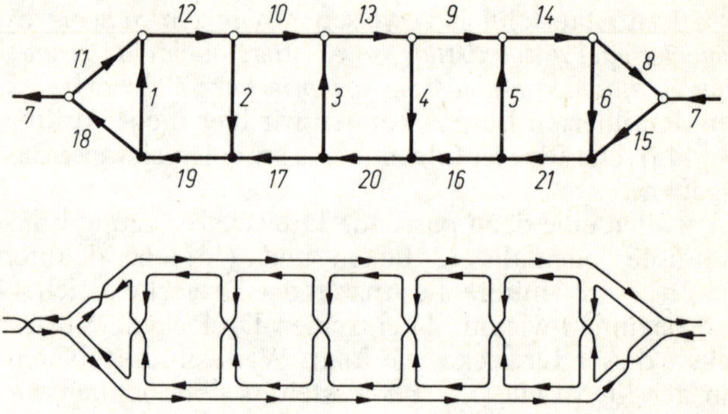

Abb. 14

Als Konstruktionshilfsmittel betrachten wir den Graphen von Abb. 14 oben. Er hat 21 Kanten, jede Kante ist gerichtet (Einbahnstraße) und ist mit einer der Nummern 1 bis 21 bewertet. Die beiden links und rechts auftretenden Kanten mit der Bewertung 7 sind zu identifizieren. Man sollte eigentlich nur eine Kante mit der Bewertung 7 in großem Bogen von links nach rechts führen. Alle Ecken sind dritten Grades. *Jede der Nummern* 1 *bis* 21 *kommt genau einmal als Bewertung vor, und in jeder Ecke ist die Summe der Werte der einlaufenden Kanten gleich der Summe der Werte der auslaufenden Kanten.* Das ist das Kirchhoffsche Gesetz.

Nun wird einem Wanderer der Auftrag erteilt, er soll, etwa bei der Kante 7 beginnend, entlang der Kanten wandern ohne Rücksicht auf die Richtung der Einbahnstraßen. Jedesmal, wenn er zu einem voll ausgefüllten Eckpunkt kommt, soll er seinen Weg auf der rechten Kante fortsetzen, und an den Ecken mit weißem Kern soll er die linke Kante wählen. Dabei durchläuft er den ganzen Graphen doppelt (Abb. 14 unten), und zwar so, daß jede Kante einmal in der einen und das andere Mal in der anderen Richtung benutzt wird.

Wir verfolgen diese Wanderung und notieren jedesmal den Wert a der betretenen Kante, wenn ihre Orientierung mit der Wanderrichtung übereinstimmt; wenn nicht, so schreiben wir $-a$. Wir erhalten so eine Permutation aller Restklassen $\not\equiv 0 (\mathrm{mod}\, 43)$. Wir greifen hier nur einen Teil heraus:

$$\ldots 6\ 21\ 5 - 9\ 4\ 20\ 3 - 10\ 2\ 19\ 1 - 11\ 7\ 15 \ldots$$

Wir setzen hierin die negativen Reste durch die kleinsten positiven (mod 43).

$$\ldots 6\ 21\ 5\ 34\ 4\ 20\ 3\ 33\ 2\ 19\ 1\ 32\ 7\ 15 \ldots$$

Diese aus dem Leitergraphen von Abb. 14 gewonnene Permutation wählen wir als die 0-te Zeile des zu konstruierenden Schemas S_{43}. Die i-te Zeile sei dadurch definiert: Sie geht aus der 0-ten Zeile durch Addition mit $+i$ hervor, wie im Schema S_7. Wir haben noch die Dreiecksregel zu beweisen.

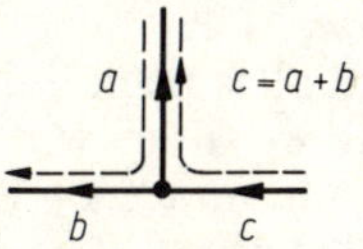

Abb. 15

Wir nehmen an, in der 0-ten Zeile steht

$$0 \ldots.\ c a \ldots$$

d.h. es trifft Abb. 15 zu, somit steht in der 0-ten Zeile an einer anderen Stelle:

$$0 \ldots. -a b \ldots$$

Daher steht in der a-ten Zeile (alles ist mit a zu addieren) wegen $a+b=c$:

$$a \ldots.\ 0 c \ldots$$

So haben wir für die 0-te Zeile die Dreiecksregel allgemein nachgewiesen. Sie folgt sofort durch Addition aller beteiligten Nummern mit i auch allgemein für die i-te Zeile.

Auf dieselbe Art kann man aus dem Graphen von Abb. 16 das Schema S_7 entwickeln; dies sei dem Leser überlassen. Jetzt ist es leicht, den Beweis für die Existenz eines zyklischen Schemas S_{12s+7} zu geben. Wir verwenden das gleiche Prinzip, nämlich einen Graphen wie in Abb. 14. Die Anzahl der Leitersprossen ist gleich $2s$,

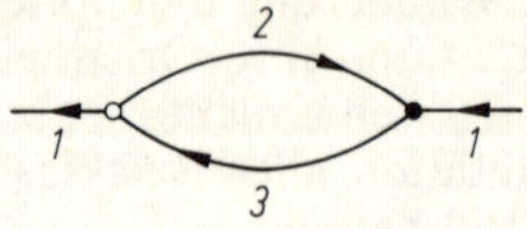

Abb. 16

sie werden abwechselnd nach oben und unten orientiert und der Reihe nach mit $1, 2, \ldots, 2s$ bewertet. Die erste Sprosse wird hierbei nach oben orientiert.

Die Kanten des oberen Holms einschließlich der beiden oberen Dreieckskanten werden nach rechts gerichtet und erhalten als Werte die Nummern

$$3s+2, 3s+3, \ldots, 4s, 2s+4, 4s+1, 2s+3, 4s+2, 2s+2.$$

Das sind zwei einfache ineinander verzahnte arithmetische Folgen mit der Differenz -1 bzw. $+1$.

Im unteren Holm wird alles nach links orientiert, und den Wert einer unteren Holmkante erhalten wir, indem wir den Wert der darüberliegenden Holmkante mit $2s+1$ addieren. Die einzige verbleibende Kante erhält den Wert $2s+1$ und wird nach links gerichtet. Dieser Graph erzeugt dann ein Schema S_{12+7} in der angegebenen Weise.

Für die anderen drei regulären Fälle $n \equiv 0, 3, 4 \pmod{12}$ gibt es kein zyklisches Schema S_n. Man muß neue kombinatorische Tricks anwenden. In den nicht regulären Fällen kommen noch weitere Komplikationen hinzu, die aber alle durchaus zufriedenstellend überwunden worden sind.

Literatur

1. Gustin, W.: Orientable embedding of Cayley graphs. Bull. Amer. Math. Soc. **69**, 272—275 (1963).
2. Heawood, P. J.: Map colour theorem. Quart. J. Math. **24**, 332—338 (1890).
3. Heffter, L.: Über das Problem der Nachbargebiete. Math. Ann. **38**, 477—508 (1891).

4. Hilbert, D., Cohn-Vossen, S.: Anschauliche Geometrie. Berlin: Springer 1932; New York 1944.
5. Kempe, A.B.: On the geographical problem of the four colours. Amer. J. Math. **2**, 193—200 (1879).
6. Mayer, Jean: Le problème des régions voisines sur les surfaces closes orientables. J. Combinatorial Theory (in press).
7. Ore, O.: The Four-Colour Problem. New York, London: Academic Press (1967).
8. Rademacher, H., Toeplitz, O.: Von Zahlen und Figuren. Berlin: Springer 1933.
9. Ringel, G.: Farbensatz für orientierbare Flächen vom Geschlecht $p>0$. J. Reine Angew. Math., Band **193**, 11—38 (1954).
10. — Bestimmung der Maximalzahl der Nachbargebiete auf nichtorientierbaren Flächen. Math. Ann. **127**, 181—214 (1954).
11. — Färbungsprobleme auf Flächen und Graphen. Berlin: Deutscher Verlag der Wiss. 1959.
12. — Über das Problem der Nachbargebiete auf orientierbaren Flächen. Abh. Math. Sem. Univ. Hamburg **25**, 105—127 (1961).
13. — Youngs, J.W.T.: Solution of the Heawood Map-Coloring-Problem. Proc. Nat. Acad. Sci. **60**, 438—445 (1968).
14. Terry, C.M., Welch, L.R., Youngs, J.W.T.: The Genus of K_{12s}. J. Combinatorial Theory **2**, 43—60 (1967).
15. Youngs, J.W.T.: Minimal Imbeddings and the Genus of a Graph. J. Math. Mech. **12**, 303—316 (1963).
16. — Remarks on the Heawood conjecture (nonorientable Case). Bull. Amer. Math. Soc. **74**, 347—353 (1968).
17. — The nonorientable Genus of K_n. Bull. Amer. Math. Soc. **74**, 354—358 1968).

Einlagerungen konvexer Mengen in eine ähnliche Menge[1]

A. Beck und M. N. Bleicher[2]

Einleitung

Das Thema der vorliegenden Arbeit rührt von einem berühmten Problem[3] her, das seit langem bekannt ist und oft behandelt wird. Es läßt sich wie folgt formulieren: Quadrate vom Umfang a bzw. b seien in ein Quadrat vom Umfang c derart eingeschlossen, daß sie keine inneren Punkte gemeinsam haben. Es ist dann zu zeigen, daß $a+b \leq c$ gilt.

Dieses ziemlich leichte Problem wird interessanter, wenn man bemerkt, daß diesselbe Ungleichung trivialerweise auch dann gilt, wenn man die Quadrate durch Kreise vom Umfang (oder auch Radius oder Durchmesser) a, b bzw. c ersetzt. Die hier auftretende Eigenschaft, die also Quadraten, Kreisen und – wie wir sehen werden – noch gewissen anderen, jedoch nicht sämtlichen Figuren zukommt, läßt sich wie folgt beschreiben:

Sei K eine konvexe Figur und seien K_0, K_1 sowie K_2 zu K ähnliche Figuren derart, daß K_1 und K_2 in K_0 enthalten sind und sich die inneren Punkte von K_1 und K_2 nicht gegenseitig überdecken (in diesem Fall sagen wir, daß K_1 und K_2 in K_0 eingelagert sind). K heiße dann *straff*, falls für jede derartige Konfiguration die Summe der Umfänge $\pi(K_1)$ und $\pi(K_2)$ von K_1 bzw. K_2 nicht größer ist als der Umfang $\pi(K_0)$ von K_0. Die eingangs gemachten Bemerkungen besagen somit, daß Quadrate und Kreise straffe Figuren sind. Das vorliegende Problem ist ein genetisches Problem im Sinne von Fejes Tóth ([2], S. 8). Die Menge aller Figuren mit der

[1] Deutsche, leicht bearbeitete Fassung von K. Schürger.

[2] Die Autoren möchten der „United States National Science Foundation" für ihre finanzielle Unterstützung danken.

[3] Dies war das erste, was die Autoren über dieses Problem erfuhren, und zwar der erste Autor von D.J. Newman und der zweite von Morris Newman, als er dieses Problem zur „Mathematical Talent Search" an die Universität von Wisconsin einsandte.

genannten Eigenschaft ist insofern interessant, als sie sich aus zwei häufig studierten, schönen Klassen von konvexen Mengen zusammensetzt. Wir werden u.a. zeigen, daß eine Figur genau dann straff ist, wenn sie entweder ein reguläres Vieleck oder eine Kurve konstanter Breite ist. (Zum letzteren Thema vgl. auch [4], § 20b.)

Betrachten wir das vorliegende Problem von einem etwas anderen Standpunkt aus, so können wir zu jeder konvexen Figur K eine Zahl $\hat{K}$ einführen, welche definiert ist als das Supremum der Ausdrücke $\frac{\pi(K_1)+\pi(K_2)}{\pi(K_0)}$ für beliebige ähnliche Figuren K_0, K_1, K_2, wobei K_1 und K_2 in K_0 eingelagert sind; π stehe für den Umfang. Wir werden zeigen, daß $1 \leq \hat{K} \leq \sqrt{2}$ für beliebiges konvexes K gilt. Der Fall $\hat{K}=1$ wurde bereits erwähnt. Der Fall $\hat{K}=\sqrt{2}$ tritt – wie wir sehen werden – genau dann auf, wenn K entweder ein gleichschenkliges rechtwinkliges Dreieck oder ein Parallelogramm ist, dessen Seitenlängen sich wie $\sqrt{2}:1$ verhalten.

Wir können die analogen Fragen unter der Annahme aufwerfen, daß K_0, K_1 und K_2 nicht nur ähnlich, sondern sogar positiv ähnlich sind. In diesem Fall erhalten wir dieselbe Antwort für $\hat{K}=1$. Gilt $\hat{K}=\sqrt{2}$, so ist K entweder ein gleichschenkliges rechtwinkliges Dreieck oder ein *Rechteck*, dessen Seitenlängen sich wie $\sqrt{2}:1$ verhalten.

Bei der Behandlung dieses Problemkreises stießen wir auf eine interessante Bedingung, welche Ähnlichkeit hat mit der Bedingung konstanter Breite; wir werden sie als „Bedingung konstanter minimaler Breite" bezeichnen. Diese Bedingung benutzen wir zum Beweis einer (möglicherweise neuen) Charakterisierung der Kurven konstanter Breite. In dieser Arbeit betrachten wir lediglich den Fall der Ebene.

Die genannten Probleme legen analoge Probleme in höheren Dimensionen sowie das Problem, in eine Menge mehr als zwei ähnliche Mengen einzulagern, nahe. Die entsprechenden Verallgemeinerungen des Falls straffer Mengen erweisen sich jedoch als viel schwieriger. Die obere Schranke und die Fälle, in denen Gleichheit auftritt, können dagegen oft einfacher sein.

§ 1. Definitionen, Bezeichnungen und vorläufige Bemerkungen

Sei K eine beliebige ebene Menge, die abgeschlossen, konvex und beschränkt ist. Den Umfang von K bezeichnen wir mit $\pi(K)$, die Fläche von K mit $F(K)$, den Rand von K mit $\partial(K)$ und das Innere von K mit K^0. Wir sagen, K_1 und K_2 seien in K_0 *ein-*

gelagert, falls $K_1 \cup K_2 \subset K_0$ und $K_1^0 \cap K_2^0 = \emptyset$ gilt. Die Symbole „$\cong$" sowie „$\cong^+$" bezeichnen im folgenden Kongruenz bzw. positive (direkte) Kongruenz; die Symbole „$\sim$" und „$\sim^+$" werden analog für Ähnlichkeit verwendet. $\hat{K}$ wird definiert vermöge

$$\hat{K} = \sup \left\{ \frac{\pi(K_1) + \pi(K_2)}{\pi(K_0)} \middle| \begin{array}{l} K \sim K_0 \sim K_1 \sim K_2; \\ K_1 \text{ und } K_2 \text{ sind in } K_0 \text{ eingelagert} \end{array} \right\}.$$

Analog wird $\hat{K}^+$ definiert, wobei das Symbol „$\sim$" überall durch „$\sim^+$" ersetzt wird.

Unter einem *Durchmesser* einer konvexen Menge verstehen wir eine Sehne maximaler Länge; diese maximale Länge, welche mit $\boldsymbol{d}(K)$ bezeichnet werde, heiße (der) *Durchmesser* von K. Die hierdurch gegebene Zweideutigkeit des Begriffs „Durchmesser" wird praktisch keinerlei Schwierigkeiten bereiten. Wir erinnern daran, daß die Geraden, die senkrecht zu einem Durchmesser durch dessen Endpunkte verlaufen, Stützgeraden sind ([3], S. 7).

Eine Konfiguration, mit der wir oft arbeiten werden, betrifft den Fall, daß K_1 und K_2 in K_0 auf spezielle Weise eingelagert werden.

Sei $\overline{P_1 P_2}$ eine Sehne von K_0 derart, daß durch P_1 und P_2 parallele Stützgeraden, l_1 bzw. l_2, hindurchgehen. Sei $0 < \lambda < 1$. Sei K_1 diejenige Menge, die aus K_0 durch eine Streckung um den Faktor λ mit P_1 als Zentrum entsteht. Ähnlich sei K_2 aus K_0 durch eine Streckung um den Faktor $1-\lambda$ mit P_2 als Zentrum entstanden. Dann sind die Mengen K_1 und K_2 in K_0 eingelagert, da sie durch ihre gemeinsame Stützgerade l getrennt werden, wobei $l \| l_1$ gilt und l die Strecke $\overline{P_1 P_2}$ im Verhältnis $\lambda : (1-\lambda)$ teilt. Wir sagen in diesem Fall, daß K_1 und K_2 auf $\overline{P_1 P_2}$ zum Parameter λ *aufgereiht* sind. Sind die Mengen K_1 und K_2 in K_0 derart eingelagert (wobei sie nicht notwendig aufgereiht zu sein brauchen), daß $\pi(K_1) + \pi(K_2) = \hat{K} \cdot \pi(K_0)$ gilt, so werden wir K_1 und K_2 als *maximales Paar* in K_0 bezeichnen. Wir normieren die Maßeinheit so, daß $\pi(K_0) = 1$ gilt.

Eine in $\partial(K)$ enthaltene Strecke mit der Eigenschaft, daß jede ihrer Verlängerungen aus $\partial(K)$ hinausführt, heiße *Seite* von K. (Die in Abb. 1 gezeigte konvexe Menge $ABCP$ besitzt die Seiten $\overline{AB}$ und $\overline{BC}$.) Unter dem *Innenwinkel* (oder kurz *Winkel*) in einem Punkt $P \in \partial(K)$ verstehen wir den Winkel ($\leq \pi$), den die Halbtangenten im Punkt P einander bilden. (Als Beispiel diene der in Abb. 1 eingetragene Winkel zwischen den Halbtangenten PN und PO.) Unter einem *Winkelpunkt* verstehen wir einen Punkt aus $\partial(K)$, durch den mehr als eine Stützgerade hindurchgeht. (In Abb. 1 sind A, B und P, jedoch nicht C, Winkelpunkte.) Ein Winkelpunkt, der zugleich Endpunkt zweier Seiten ist, heiße *Ecke* von K. (Die konvexe Menge $ABCP$ in Abb. 1 besitzt als einzige Ecke den Punkt B.)

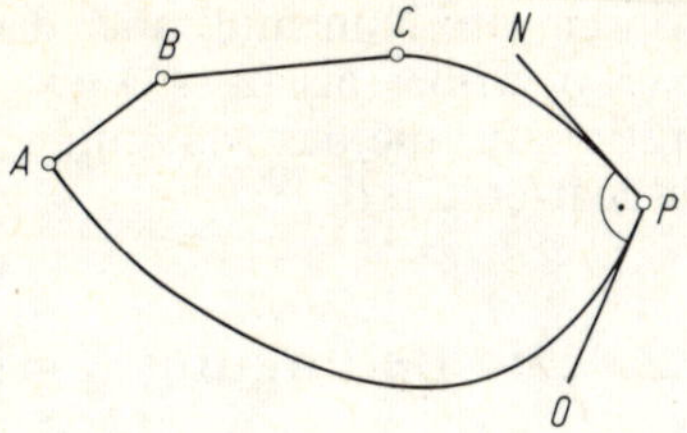

Abb. 1

1. Lemma: *Für jede abgeschlossene, beschränkte, konvexe Figur gilt* $1 \leq \hat{K} \leq \sqrt{2}$.

Beweis: Zum Beweis der ersten Hälfte des Lemmas betrachten wir eine beliebige, zu K ähnliche Figur K_0. Seien K_1 und K_2 auf einem Durchmesser $\overline{AB}$ von K_0 zum Parameter λ für ein gewisses $\lambda \in (0,1)$ aufgereiht. Dann gilt $\pi(K_1) = \lambda$, $\pi(K_2) = 1 - \lambda$ und $\pi(K_1) + \pi(K_2) = 1$. Somit enthält die Menge der Quotienten, deren Supremum $\hat{K}$ ist, den Wert 1. Folglich gilt $1 \leq \hat{K}$.

Andererseits existiert eine Konstante a derart, daß für jede zu K ähnliche Figur K' $\boldsymbol{F}(K') = a(\pi(K'))^2$ gilt. (Bei der Streckung um den Faktor α multiplizieren sich Fläche und Umfang mit den Faktoren α^2 bzw. $|\alpha|$.) Sind K_1 und K_2 in K_0 eingelagert, so haben wir $\boldsymbol{F}(K_1) + \boldsymbol{F}(K_2) \leq \boldsymbol{F}(K_0)$, woraus sich $1 = (\pi(K_0))^2 \geq (\pi(K_1))^2 + (\pi(K_2))^2$ ergibt. Setzen wir $b_1 = \pi(K_1)$, $b_2 = \pi(K_2)$, so ist demnach der Ausdruck $b_1 + b_2$ unter der Nebenbedingung $b_1^2 + b_2^2 \leq 1$ zu maximieren. Es ist wohlbekannt, daß dieses Maximum den Wert $\sqrt{2}$ hat, der lediglich für $b_1 = b_2 = \frac{1}{2}\sqrt{2}$ angenommen wird. q.e.d.

Wir merken an, daß die Beziehung $\boldsymbol{F}(K_1) = \boldsymbol{F}(K_2) = \frac{1}{2}\boldsymbol{F}(K_0)$ notwendig ist für $\hat{K} = \sqrt{2}$.

2. Lemma: *Zu jedem abgeschlossenen, beschränkten, konvexen K existiert stets ein maximales, aus zwei nicht ausgearteten Mengen bestehendes Paar.*

Beweis: Wir betrachten die Fälle $\hat{K} = 1$ und $\hat{K} > 1$. Gilt $\hat{K} = 1$, so ist jedes Paar maximal, welches auf einem Durchmesser zu einem gewissen $\lambda \in (0,1)$ aufgereiht ist. Liegt der Fall $\hat{K} > 1$ vor, so beachte man, daß die Konfigurationen von K_1 und K_2 für ein gegebenes K_0 eine achtdimensionale Menge[4] bilden, die alle Konfigurationen, in denen K_1 und K_2 in K_0 eingelagert sind, als abgeschlossene, beschränkte Teilmenge enthält. Die Funktion $\pi(K_1)+\pi(K_2)$ ist stetig auf der besagten Menge und nimmt daher auf dieser ihr Maximum an. Nun muß aber der kleinere der Umfänge $\pi(K_1)$ und $\pi(K_2)$ größer als $(\hat{K}-1)\pi(K_0)$ sein. Beide Mengen einer Konfiguration, für die das Maximum angenommen wird, sind somit nicht ausgeartet. q.e.d.

§ 2. Die Bedingung $\hat{K}=\sqrt{2}$

Wir werden das Studium der extremalen Werte, die $\hat{K}$ annehmen kann, mit der Betrachtung derjenigen Figuren K beginnen, für welche dieser Wert $\sqrt{2}$ ist. Wir schließen in diesem Fall aus der letzten Bemerkung im Beweis von Lemma 1, daß $K_1 \cong K_2$ und $K_1 \cup K_2 = K_0$ gilt. Weiter ist leicht zu sehen, daß $K_1 \cap K_2$ eine abgeschlossene, nichtleere Teilmenge von K_0 ist. Da K_1 und K_2 konvex sind, ist $K_1 \cap K_2$ Teilmenge einer Geraden. Auf Grund der Konvexität von K_0 besteht $K_1 \cap K_2$ nicht nur aus einem Punkt. Da K_0 beschränkt ist, ist $K_1 \cap K_2$ eine Strecke, die wir mit $\overline{AB}$ bezeichnen wollen. A und B sind nicht notwendig Winkelpunkte von K_0; beide sind aber Winkelpunkte sowohl von K_1 wie auch von K_2. Somit besitzt K mindestens zwei Winkelpunkte. Unser nächstes Lemma zeigt, wieviel Winkelpunkte K haben kann. Wir erinnern daran, daß sich bei einer konvexen Menge die den gesamten Rand durchlaufende äußere Normale um den (absolut genommenen) Winkel 2π dreht.

3. Lemma: *K besitzt höchstens vier Winkelpunkte.*

Beweis: Wir nehmen an, daß K mindestens fünf Winkelpunkte besitzt. Da die Menge K konvex ist, können in ihr viele Winkel existieren, die ungefähr den Wert π besitzen, da die Summe der Winkel, welche supplementär zu den Winkeln von K sind, nicht größer als 2π sein kann. Sei γ der fünftgrößte Winkel in einem Winkelpunkt von K. Wir nehmen an, daß K k Winkelpunkte besitzt, deren zugehörige Winkel höchstens gleich γ sind. Man beachte, daß $5 \leq k \leq \dfrac{2\pi}{\pi-\gamma}$ gilt. $2k-4$ unter diesen $2k$ Winkelpunkten von K_1

[4] Je vier Dimensionen für K_1 und K_2: Lage (zwei Dimensionen), Größe (gegeben durch den Ähnlichkeitsfaktor) und Orientierung (gegeben etwa durch einen Winkel). Dies ist in der Tat ein Spezialfall des Auswahlsatzes von Blaschke ([1], S. 64ff.).

und K_2 liegen nicht auf $\overline{AB}$; sie müssen daher auf $\partial(K_0)$ liegen. Es folgt, daß K_0 mindestens $2k-4$ Winkel besitzen muß, deren Größe höchstens gleich γ ist. In der Tat hat K_0 $2k-4, 2k-3$ oder $2k-2$ derartige Winkel. Da K_0 auch k derartige Winkel besitzt, gilt $2k-4 \leq k$, d.h. $k \leq 4$. q.e.d.

4. Korollar: *Besitzt K vier Winkelpunkte, so sind A und B keine Winkelpunkte von K_0. Besitzt K drei Winkelpunkte, so besitzt K_0 genau einen Winkelpunkt, der mit A oder B zusammenfällt. Besitzt K zwei Winkelpunkte, so sind A und B Winkelpunkte von K_0.*

5. Korollar: *K besitzt mindestens drei Winkelpunkte.*

Beweis: Nehmen wir an, daß K lediglich zwei Winkelpunkte besitzt. Sei α der kleinste der zugehörigen Winkel in K. Der Scheitel von α liegt dann in A oder B. Wir können ohne Einschränkung der Allgemeinheit annehmen, daß er in A liegt. Der Winkel im Punkt B in K_1 ist dann mindestens so groß wie α. Beide Winkel von K_0 sind folglich größer als α, so daß im Gegensatz zur Annahme K_0 und K_1 nicht ähnlich sein können. q.e.d.

Wir müssen nun die Fälle untersuchen, in denen K drei oder vier Winkelpunkte besitzt (im folgenden als „Fall 3" bzw. „Fall 4" bezeichnet). Wir studieren zunächst Fall 4.

6. Lemma: *Liegt Fall 4 vor, so ist K ein konvexes Viereck.*

Beweis: Wir wollen zeigen, daß die Summe der Winkel in den Winkelpunkten von K 2π ist. (Im vorliegenden Fall ist damit gleichwertig, daß die Summe der Supplemente der Winkel von K 2π beträgt.) Daraus folgt dann, daß die Bögen von $\partial(K)$, welche die zugehörigen Winkelpunkte verbinden, Strecken sind ([3], S. 11). Die Winkel von K_1 und K_2, deren Scheitel in A bzw. B liegen, bezeichnen wir als „ausgewählte" Winkel. Nach Korollar 4 ist dann die Summe der ausgewählten Winkel gleich 2π, während die Summe der restlichen (beiden) Winkel gleich ist Σ, der Summe der Winkel von K_0, welche zu Winkelpunkten gehören. Somit ist die Summe der ausgewählten und der restlichen Winkel von K_1 und K_2 gleich $2\pi+\Sigma$. Andererseits ist die Summe der ausgewählten und der restlichen Winkel gleich der Summe aller Winkel in Winkelpunkten von K_1 und K_2, d.h. gleich 2Σ wegen $K_1 \sim K_2 \sim K_0$. Es folgt $2\Sigma = 2\pi + \Sigma$, also $\Sigma = 2\pi$. q.e.d.

7. Lemma: *Jeder zu einem Winkelpunkt gehörige Winkel in K tritt mindestens doppelt auf.*

Beweis: Wir führen den Beweis indirekt und nehmen an, daß der Scheitel des Winkels von K_0, der nur einmal auftritt, in C liegt. Ohne Einschränkung der Allgemeinheit sei C eine Ecke von K_1. Die Winkel in den Ecken von K_1 seien $\alpha_1, \alpha_2, \alpha_3, \alpha_4$ und diejenigen von K_2 $\beta_1, \beta_2, \beta_3$ und β_4 (siehe Abb. 2). K_1 und K_0 seien ähnlich bez. der Abbildung Φ. Dann gilt $\Phi(C)=C$, da wir angenommen haben, daß der zu C gehörige Winkel nur einmal auftritt. Wäre

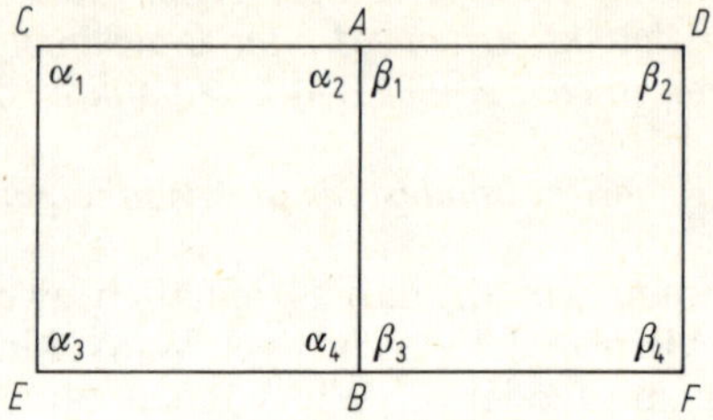

Abb. 2

$\Phi(E)=E$, so wäre Φ eine Isometrie, und es folgte $\Phi(K_1)=K_0$, was wegen $\hat{K}>1$ unmöglich ist. Daher gilt $\Phi(E)=D$, $\Phi(A)=E$ und $\Phi(B)=F$, und wir haben $\alpha_2=\alpha_3$, $\alpha_3=\beta_2$ und $\alpha_4=\beta_4$, woraus $\overline{AB}\|\overline{DF}$ folgt. Hieraus ergibt sich wegen $K_1 \cong K_2$ $\overline{AC}\|\overline{BE}$ oder $\overline{AB}\|\overline{CE}$. Wenden wir Φ an, so folgt aus $\overline{AB}\|\overline{CE}$, $\overline{EF}\|\overline{CD}$, während $\overline{AC}\|\overline{EB}$, $\overline{CE}\|\overline{DF}$ impliziert. Auf Grund der obigen Überlegungen gilt $\overline{DF}\|\overline{AB}$. Somit ist K_1 in jedem Fall ein Parallelogramm. Dies widerspricht unserer Annahme, daß ein gewisser Winkel lediglich einmal auftritt. q.e.d.

8. Satz: *Liegt Fall 4 vor, so ist K ein Parallelogramm.*

Beweis: Stimmen der kleinste und der größte Winkel in den Ecken von K überein, so ist K ein Rechteck. Wenn sie verschieden sind, treten beide jeweils doppelt auf, so daß K ein Parallelogramm oder ein gleichschenkliges Trapez ist. Da sich aber zwei kongruente gleichschenklige Trapeze nur dann zu einem gleichschenkligen Trapez zusammenlegen lassen, wenn sie rechtwinklig sind, muß K ein Parallelogramm sein. q.e.d.

9. Korollar: *Die Seitenlängen von K verhalten sich wie* $\sqrt{2}:1$.

Beweis: Klar.

10. Korollar: *Beschränken wir uns in der ursprünglichen Formulierung des Problems auf positive Ähnlichkeiten, so ist das in Satz 8 erwähnte Parallelogramm ein Rechteck.*

Beweis: Die erwähnte Zusatzbedingung ändert weder Satz 8 noch Korollar 9; jedoch kann die im dortigen Beweis erwähnte Konfiguration nicht für schiefe Parallelogramme konstruiert werden. q.e.d.

Wir wenden uns nun Fall 3 zu. Im Fall 3 haben wir sechs zu Winkelpunkten gehörige Winkel zwischen K_1 und K_2, zwei in A und zwei in B. Folglich gibt es zwei andere Winkelpunkte in K_0, so daß genau einer der Punkte A und B Winkelpunkt von K_0 ist. Sei B dieser Punkt. Wir bezeichnen die zugehörigen Winkel von K_1 mit $\alpha_1, \alpha_2, \alpha_3$ und diejenigen von K_2 mit β_1, β_2 und β_3, wobei die Scheitel von α_1 und β_1 in A und die Scheitel von α_2 und β_2 in B liegen mögen (siehe Abb. 3). Der Winkel von K_0 in B, der größer als einer der Winkel von K_1 ist, kann demnach nicht der kleinste der Winkel

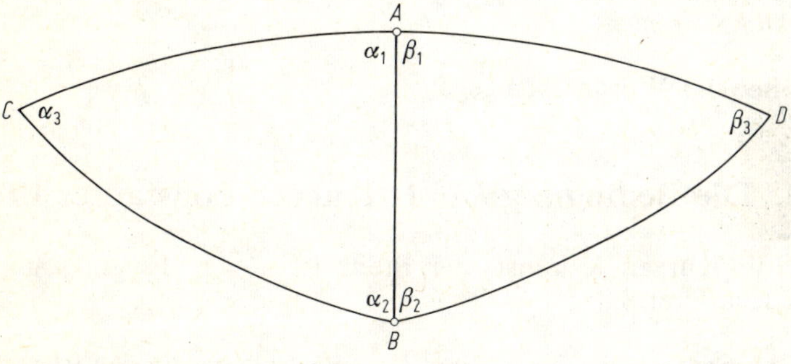

Abb. 3

von K_0 sein. Somit ist α_3 oder β_3 der kleinste Winkel, und wir können ohne Beschränkung der Allgemeinheit annehmen, daß α_3 am kleinsten ist. Wir nennen den zugehörigen Winkelpunkt C. Entsprechend bezeichnen wir den Scheitel des Winkels β_3 mit D. Seien K_1 und K_0 ähnlich bez. der Abbildung Φ. Wir betrachten $\Phi(C)$. Wir wissen, daß $\alpha_2 + \beta_2 > \alpha_2 \geq \alpha_3$ gilt, da der kleinste Winkel von K_0 auch der kleinste Winkel von K_1 ist. Somit ist $\Phi(C) \neq B$.

Ist $\Phi(C) = C$, so folgt $\Phi(B) = D$, da $\Phi(B) = B$ $\alpha_2 = \alpha_2 + \beta_2$ nach sich zöge. Somit ist $\alpha_2 = \beta_3$ und $\Phi(A) = B$, woraus sich $\alpha_1 = \alpha_2 + \beta_2$ ergibt. Dadurch gelangen wir zu

$$\beta_1 + \beta_2 + \beta_3 = \beta_1 + \beta_2 + \alpha_2 = \beta_1 + \alpha_1 = \pi .$$

Folglich ist K_2 ein Dreieck. Wir haben $\alpha_1 = \alpha_2 + \beta_2 > \alpha_2 = \beta_3$. Dies liefert die Beziehungen $\alpha_1 \neq \beta_2$, $\alpha_1 \neq \beta_3$, so daß sich $\alpha_1 = \beta_1$ ergibt. Demnach sind K_1 und K_2 kongruente rechtwinklige Dreiecke mit gleichen Hypotenusen. Hieraus ergibt sich, daß K_0 gleichschenklig ist, falls $\Phi(C)=C$ gilt.

Die andere Möglichkeit wird durch $\Phi(C)=D$ gegeben. In diesem Fall sind die beiden kleinsten Winkel in K_0 gleich. Da dasselbe für K_1 und K_2 gelten muß und weder α_2 noch β_2 die größten Winkel in der betreffenden Figur sein können, haben wir $\alpha_3=\alpha_2$, $\beta_3=\beta_2$. Somit ist α_1 der größte Winkel in einem Winkelpunkt von K_1, während β_1 der entsprechende größte Winkel in K_2 ist. Dies liefert $\alpha_1=\beta_1=\frac{\pi}{2}$. Da $\alpha_1=\alpha_2+\beta_2$ ist, haben wir $\alpha_2=\alpha_3=\beta_3=\beta_2=\frac{\pi}{4}$. Hieraus ergibt sich sofort, daß K_1 und K_2 gleichschenklige rechtwinklige Dreiecke sind.

In jedem Fall haben wir somit

11. Satz: *Liegt Fall 3 vor, so ist K ein gleichschenkliges, rechtwinkliges Dreieck.*

Beweis: Wurde oben gegeben.

§ 3. Die Bedingung $\hat{K}=1$: Kurven konstanter Breite

Für Kurven K konstanter Breite ist $\hat{K}=1$. Es gilt sogar ein viel schärferer Satz:

12. Satz: *Seien K_0, K_1 und K_2 (nicht notwendig ähnliche) Kurven konstanter Breite. Sind K_1 und K_2 in K_0 eingelagert, so folgt*

$$\pi(K_1)+\pi(K_2)\leq\pi(K_0)\,.$$

Beweis: Sei l irgendeine Gerade, welche die konvexen Mengen K_1 und K_2 trennt. Seien l_1 und l_2 die zu l parallelen Stützgeraden von K_0, welche derart gewählt seien, daß K_1 zwischen l_1 und l, und K_2 zwischen l_2 und l liegen. Offenbar liegt l zwischen l_1 und l_2. Mit d_1 und d_2 bezeichnen wir den Abstand zwischen l_1 und l bzw. l_2 und l; d_0 stehe für den Abstand zwischen l_1 und l_2. Bezeichnet $w(K)$ die Breite von K, so folgt $w(K_1)\leq d_1$ und $w(K_2)\leq d_2$, woraus sich $w(K_1)+w(K_2)\leq d_1+d_2=d_0=w(K_0)$ ergibt. Nach dem Satz von Barbier ([3], S. 61) gilt für jede Kurve konstanter Breite K, $\pi(K)=\pi\cdot w(K)$. Somit haben wir $\pi(K_1)+\pi(K_2)\leq\pi(K_0)$. q.e.d.

13. Korollar: *Ist K eine Kurve konstanter Breite, so gilt $\hat{K}=1$, unabhängig davon, ob die Ähnlichkeiten als positiv vorausgesetzt werden oder nicht.*

§ 4. Die Bedingung $\hat{K}=1$: Reguläre Vielecke

Für alle regulären Vielecke gilt $\hat{K}=1$. Für den Beweis werden wir drei Fälle unterscheiden: den Fall des gleichseitigen Dreiecks, den Fall der regulären n-Ecke für ungerades $n>3$ sowie den Fall der regulären n-Ecke für gerades n.

Die allgemeine von uns benutzte Methode wird für alle Fälle dieselbe sein. Wir nehmen an, daß die Mengen K_1 und K_2 in K_0 eingelagert sind und reguläre n-Ecke darstellen. Wir wählen eine Gerade l, die K_1 und K_2 trennt; l_1 und l_2 seien die zu l parallelen Stützgeraden von K_0 derart, daß K_1 zwischen l_1 und l, K_2 zwischen l_2 und l liegen. Seien $P_1 \in l_1 \cap K_0$ und $P_2 \in l_2 \cap K_0$ Ecken von K_0. Man betrachte das in K_0 liegende und zu K_1 kongruente reguläre n-Eck K'_1, dessen eine Ecke P_1 ist. Wir wollen zeigen, daß K'_1 zwischen l_1 und l liegt. Ähnliches gilt für das analog definierte reguläre n-Eck K'_2. Falls wir dies zeigen könnten, würden wir sehen, daß zu K'_1 und K'_2 sich gegenseitig nicht überdeckende Abschnitte der Diagonalen $\overline{P_1 P_2}$ von K_0 gehören. Hieraus ergibt sich

$$\boldsymbol{d}(K'_1)+\boldsymbol{d}(K'_2)\leq \boldsymbol{d}(K_0),$$

woraus

$$\pi(K'_1)+\pi(K'_2)\leq \pi(K_0)$$

sowie

$$\pi(K_1)+\pi(K_2)\leq \pi(K_0)$$

folgt.

Um dies zu zeigen, werden wir dasjenige Dreieck betrachten, welches aus den beiden, P_1 enthaltenden verlängerten Seiten von K_0 und dem entsprechenden Abschnitt auf l besteht. Wir wollen zeigen: Enthält dieses Dreieck irgendein reguläres n-Eck, so enthält es auch ein dazu kongrentes n-Eck in „Standard-Position", d.h. ein solches, dessen eine Ecke in P_1 liegt. Wir wollen mit anderen Worten folgendes beweisen:

14. Lemma: *Sei $n \geq 3$ und sei Δ ein Dreieck, dessen Winkel in P gleich $\pi - \frac{2\pi}{n}$ ist. Dann existiert unter den größten regulären n-Ecken, welche Δ eingeschrieben werden können, eines mit einer Ecke in P.*

Ist K ein maximales Δ eingeschriebenes reguläres n-Eck, so können wir offenbar annehmen, daß auf allen Seiten von Δ Ecken von K liegen. K' bezeichne ein zu K kongruentes Δ eingeschriebenes n-Eck mit einer Ecke in P.

15. Lemma: *Lemma 14 gilt für $n=3$.*

Beweis: Die Ecken von Δ seien P, P' und P''. Sei Q eine auf l liegende Ecke von K und sei h die Höhe des Dreiecks K', welches gleichseitig ist. Die Breite von K in einer beliebigen Richtung ist mindestens gleich h, so daß die Abstände der Punkte P'' und P' von $\overline{PP'}$ bzw. $\overline{PP''}$ mindestens gleich h sind. Da der Winkel bei P gleich $\frac{\pi}{3}$ ist, folgt, daß $\overline{PP'}$ und $\overline{PP''}$ mindestens so lang wie eine Seite von K' sind. Demnach liegt K' innerhalb von Δ, womit das Lemma bewiesen ist. q.e.d.

16. Lemma: *Lemma 14 gilt für ungerades* $n>3$.

Beweis: Im folgenden bezeichne l' eine gegenüber von P liegende Stützgerade von K', die parallel zu l verläuft. Es genügt offenbar zu zeigen, daß P und l' nicht durch l getrennt werden.

Wir betrachten die folgenden Operationen. Wir *beginnen* mit dem Vieleck K' und wählen den Winkel $\alpha, 0<\alpha<\frac{2\pi}{n}$, derart, daß das aus K' durch Rotation um den Mittelpunkt von K' um den Winkel α entstehende Vieleck K'' parallel zu K ist. Wir translatieren anschließend K'' so, daß es in den Winkel bei P eingeschrieben ist und folglich mit K zusammenfällt. Wir werden zeigen, daß K die Gerade l' schneiden muß, woraus sich ergibt, daß die Gerade l P nicht von l' trennen kann.

In der Nähe von P sehen die Vielecke K' und K'' wie in Abb. 4 aus, wobei P, R und S Ecken von K' und A_1, A_2 sowie A_3 solche

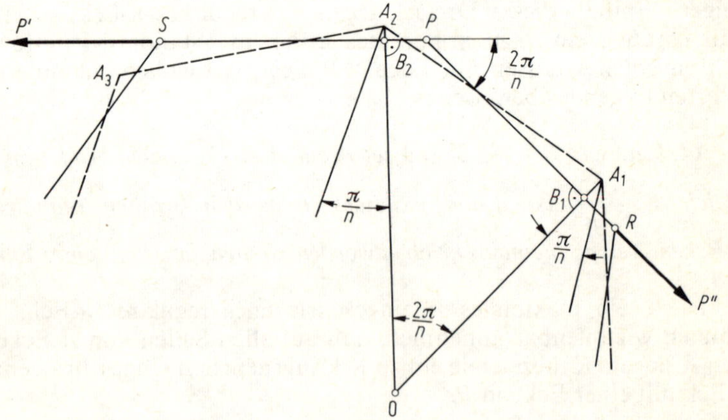

Abb. 4

von K'' sind. Um K'' dem Dreieck Δ einzuschreiben, ist es notwendig, die Figur K'' derart zu translatieren, daß A_1 und A_2 auf $\overline{PR}$ bzw. $\overline{PS}$ zu liegen kommen. B_1 und B_2 seien die Fußpunkte der Lote von A_1 und A_2 auf $\overline{PR}$ bzw. $\overline{PS}$. Die Verlängerungen von $\overline{A_1 B_1}$ und $\overline{A_2 B_2}$ mögen sich im Punkt O schneiden. Der Winkel im Punkt O ist lediglich mit Hilfe der Seiten $\overline{PR}$ und $\overline{PS}$ bestimmt und muß den Wert $\frac{2\pi}{n}$ haben. Aus Symmetriegründen gilt $\overline{A_1 B_1} = \overline{A_2 B_2}$. Konstruieren wir die Geraden $A_1 C_1$ und $A_2 C_2$ derart, daß sie mit den Strecken $\overline{A_1 B_1}$ bzw. $\overline{A_2 B_2}$ den Winkel $\frac{\pi}{n}$ bilden (siehe Abb. 4 und 5), so gilt $\overline{A_1 C_1} \parallel \overline{A_2 C_2}$. Werden die Punkte C_1 und C_2 als Schnittpunkte der obigen Geraden mit $\overline{PR}$ bzw. $\overline{PS}$ gewählt, so gilt $\overline{A_1 C_1} = \overline{A_2 C_2}$ (siehe Abb. 5). Es folgt, daß die

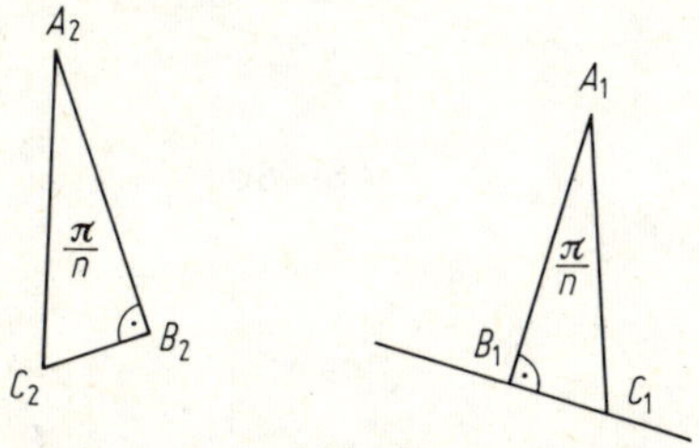

Abb. 5

Translation, die notwendig ist, um K'' dem Winkel $P'PP''$ (P, P' und P'' sind, wie oben erwähnt, die Eckpunkte des Dreiecks Δ) einzuschreiben, gerade durch den Vektor $\overrightarrow{A_1 C_1}$ gegeben wird. Dieser Vektor bildet mit der Strecke $\overline{PR}$ den Winkel $\frac{\pi}{2} - \frac{\pi}{n}$ und ist folglich parallel zur Winkelhalbierenden des Winkel $P'PP''$, der gleich $\pi - \frac{2\pi}{n}$ ist; seine Länge beträgt $\overline{A_1 B_1} \cdot \sec \frac{\pi}{n}$. Man beachte, daß wir bis jetzt nicht benutzt haben, daß n ungerade ist. Wir werden somit die obigen Überlegungen auch beim Beweis des nächsten Lemmas benutzen können.

Wir wollen nun untersuchen, was sich bei derjenigen Seite von K'' abspielt, in deren Nähe K' die Gerade l' trifft. Wir nehmen an, daß K' l' im Punkt A^* trifft, wie in Abb. 6 gezeigt wird.

Die Strecke $\overline{A^* A^{**}}$ sei die P gegenüberliegende Seite von K'. Da n ungerade ist, ist die Winkelhalbierende des Winkels $P'PP''$ senkrecht zu $\overline{A^* A^{**}}$. Sei $\overline{A^* C^*} \perp \overline{A^* A^{**}}$, derart, daß C^* der dem

Bildpunkt (bez. der Rotation) von P gegenüberliegenden Seite von K'' angehört. B^* sei der Fußpunkt des Lots von A^* auf die genannte Seite (siehe Abb. 6). Somit ist $\overline{A_1 C_1} \parallel \overline{A^* C^*}$, und es gilt weiter $\sphericalangle B^* A^* C^* = \alpha$. Es folgt, daß $\overline{A^* C^*} < \overline{A^* D^*} = \overline{A_1 C_1}$ gilt, falls $\alpha < \frac{\pi}{n}$ ist, und $\overline{A^* C^*} = \overline{A_1 C_1}$, falls $\alpha = \frac{\pi}{n}$ (zur Konstruktion des Punktes D^* siehe Abb. 7). Somit ist für $\alpha < \frac{\pi}{n}$ A^* ein innerer Punkt von K (da $\overline{A^* C^*}$ parallel zum Translationsvektor $\overrightarrow{A_1 C_1}$ ist).

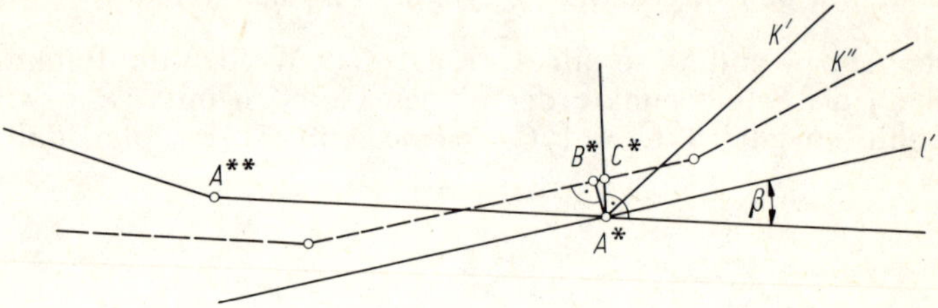

Abb. 6

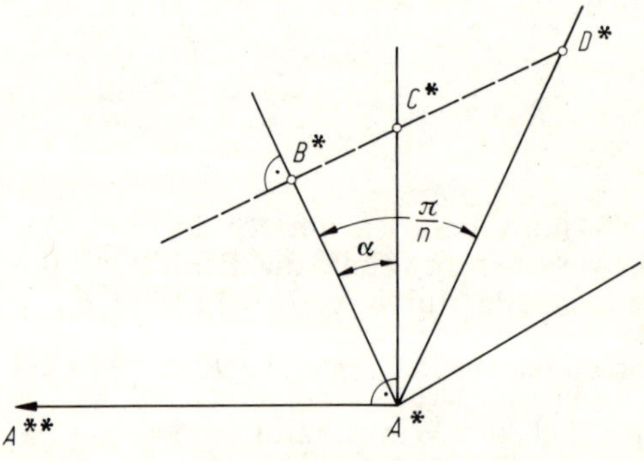

Abb. 7

Ist $\alpha = \frac{\pi}{n}$, so ist das Bild von $\overline{A^* A^{**}}$ in K'' parallel zu $\overline{PS}$. Die entsprechenden Punkte in K besitzen folglich den Abstand h von $\overline{PS}$, wobei h die kleinste Breite von K ist. Für Werte von α zwischen $\frac{\pi}{n}$ und $\frac{2\pi}{n}$ liegt das Bild von A^{**} – verglichen mit A^* – weiter von $\overline{PR}$ weg, jedoch näher an $\overline{PS}$ (siehe Abb. 8). Somit fällt das Bild von A^{**} für alle derartigen Werte von α in den schraffierten

Bereich. Hieraus folgt, daß l' K schneidet, so daß l' und P nicht durch l getrennt werden können. Im Fall $\alpha \geq \frac{\pi}{n}$ trennt l' P von l, während für $\alpha = \frac{\pi}{n}$ $l' = l$ gilt. Somit ist das Lemma bewiesen. q.e.d.

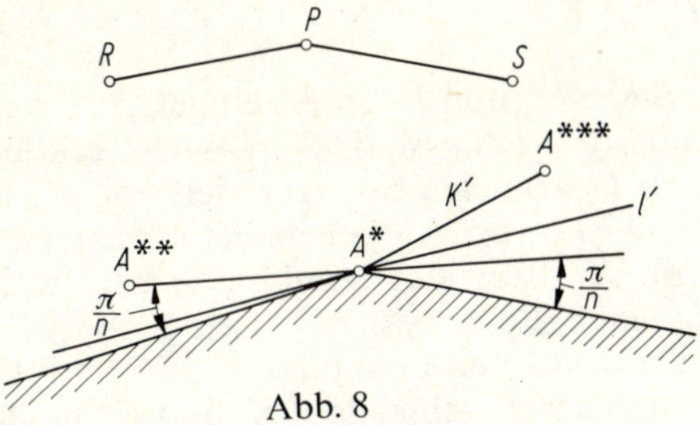

Abb. 8

17. Lemma: *Lemma 14 gilt, falls n gerade ist.*

Beweis: P, R, S, A^* und α seien wie im Beweis von Lemma 16 definiert. Da n gerade ist, läuft l' durch A^*, den gegenüber P gelegenen Eckpunkt von K'. Aus Symmetriegründen können wir annehmen, daß $\alpha \leq \frac{\pi}{n}$ gilt; denn ist $\frac{\pi}{n} < \alpha < \frac{2\pi}{n}$, so können wir statt dessen die Rotation um den Winkel $\alpha' = \frac{2\pi}{n} - \alpha$ in der entgegengesetzten Richtung betrachten. Die Untersuchung von Größe und Richtung derjenigen Translation, die K'' in K überführt, verläuft ebenso wie im vorhergehenden Beweis. Wir sehen uns nun an, was in der Nähe von A^* geschieht. $\overline{A^* B^*}$ sei senkrecht zur rotierten Seite; C^* sei der Schnittpunkt der rotierten Seite und der Winkelhalbierenden des Winkels bei A^*. Wir wollen zeigen, daß $\overline{A^* C^*} \leq \overline{A_1 C_1}$ gilt. Da $\alpha \leq \frac{\pi}{n}$ gilt, liegt B^* in Abb. 8 rechts von C^*. A^* gehe bei der Rotation in A' über; B' und C' seien symmetrisch bez. B^* und C^* gewählt (siehe Abb. 9). Wird nun D' auf dem Rand von K' nahe

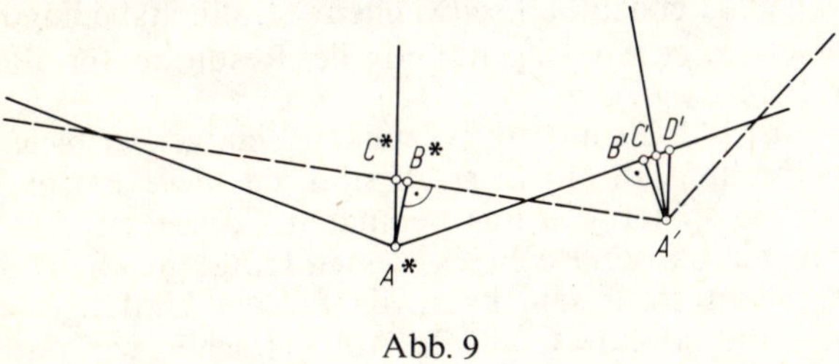

Abb. 9

an A' so gewählt, daß $\overline{A'D'} \parallel \overline{A^* C^*}$ gilt, so ist $\overline{A'D'} = \overline{A_1 C_1}$, da $\Delta A_1 B_1 C_1 \cong \Delta A'B'C'$ gilt. Da D' rechts von C' liegt, ergibt sich $\overline{A'D'} > \overline{A'C'} = \overline{A^* C^*}$. Somit liegt A^* im Innern von K, und l kann P nicht von l' trennen. q.e.d.

18. Satz: *Ist K ein reguläres Vieleck, so gilt $\hat{K} = 1$.*

Beweis: Seien K_1 und K_2 in K_0 eingelagert, wobei diese Figuren sämtlich reguläre n-Ecke sind. Sei l eine Gerade, die K_1 und K_2 trennt. Die zu l parallelen Stützgeraden von K_0 mögen durch die Punkte P_1 bzw. P_2 von K_0 gehen. K' sei ein zu K_1 kongruentes, innerhalb von K_0 liegendes reguläres n-Eck, welches eine mit P_1 zusammenfallende Ecke besitzt. Analog sei K'' bez. K_2 und P_2 gewählt. Auf Grund der Lemmata 15, 16 und 17, die zusammen Lemma 14 implizieren, schneidet l K' und K'' höchstens in Punkten der Mengen $\partial(K')$ bzw. $\partial(K'')$. Die Strecke $\overline{P_1 P_2}$ ist ein Durchmesser von K_0; der Durchschnitt dieser Strecke mit K' bzw. K'' liefert einen Durchmesser von K' bzw. K''. Da kein Punkt von l innerer Punkt von K' oder K'' ist, haben wir

$$\boldsymbol{d}(K') + \boldsymbol{d}(K'') \leq \boldsymbol{d}(K_0).$$

Auf Grund der Ähnlichkeit ist

$$\pi(K') + \pi(K'') \leq \pi(K_0)$$

und somit

$$\pi(K_1) + \pi(K_2) \leq \pi(K_0),$$

da $K_1 \cong K'$ und $K_2 \cong K''$ gilt. q.e.d.

§ 5. Einige Beispiele zum Fall $\hat{K} \neq 1$

Wir kommen nun zum schwierigen Teil, indem wir zeigen, daß *nur* die Kurven konstanter Breite sowie die regulären Vielecke straff sind. Wir beginnen mit der Betrachtung einer straffen Figur K, von der wir annehmen, daß sie nicht von konstanter Breite ist. Um unsere Beweisführung so allgemein wie möglich zu gestalten, werden wir eine ersichtlich schwächere Straffheitsbedingung, nämlich $\hat{K}^+ = 1$ zugrunde legen und die Resultate für diesen Fall beweisen.

Es erweist sich als instruktiv, zunächst einige Beispiele für Figuren zu betrachten, die nicht straff sind, da diese Beispiele grundlegend für die später von uns benutzten Techniken sind. Abb. 10 entnehmen wir, daß ein Rechteck, dessen Länge gleich der doppelten Breite ist, nicht straff sein kann, da für die Umfänge $\pi(K_1) = 3$, $\pi(K_2) = 4\frac{1}{2}$ und $\pi(K_0) = 6$ gilt. In Abb. 11 sehen wir, daß ein analoges Konstruktionsprinzip zu einer Ellipse führt, die nicht straff ist. Später werden wir sehen, daß jede straffe Figur der „Bedingung konstanter minimaler Breite" genügt. Daraus wird sich ergeben: Ein Rechteck ist genau dann straff, wenn es ein Quadrat ist; eine Ellipse ist genau dann straff, wenn sie ein Kreis ist.

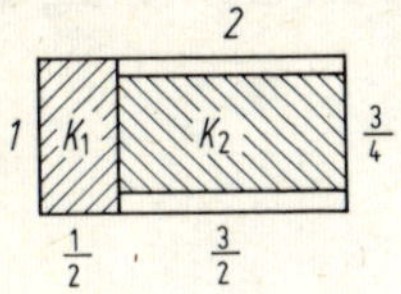

Abb. 10

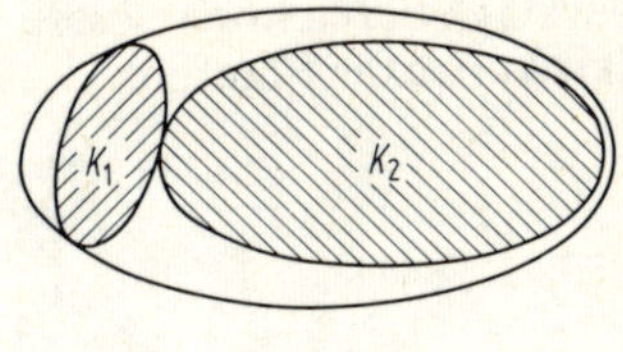

Abb. 11

Abb. 12 zeigt einen Rhombus K_0, in den zwei ähnliche Rhomben derart eingelagert sind, daß $\pi(K_1)+\pi(K_2)=\pi(K_0)$ gilt. Wird der Rhombus K_1 um irgendeinen Punkt aus dem schraffierten Bereich ein wenig entgegen dem Uhrzeiger gedreht, so berührt er nicht

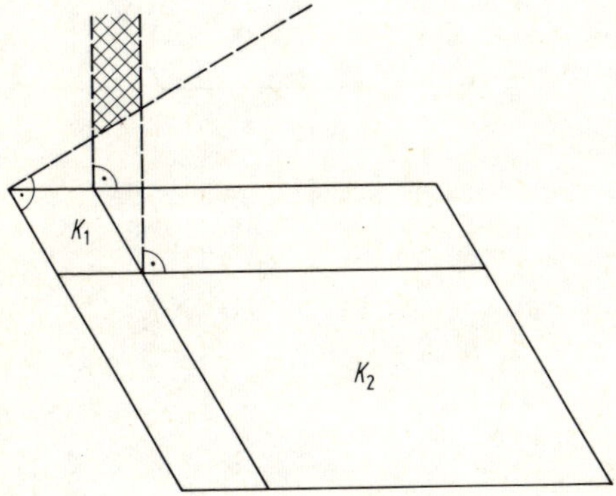

Abb. 12

länger K_2, bleibt jedoch innerhalb von K, so daß er vergrößert werden kann. Eine derartige Bewegung ist für jeden Rhombus möglich, der kein Quadrat ist, obwohl der Rhombus die Bedingung konstanter minimaler Breite erfüllt. Eine andere Figur, die die Bedingung konstanter minimaler Breite erfüllt, stellt das in Abb. 13 gezeigte abgestumpfte gleichseitige Dreieck mit parallelen gegenüberliegenden Seiten dar, in welchem jeweils die beiden an eine Seite angrenzenden Seiten gleiche Länge besitzen. Außer im Fall eines regulären Sechsecks können wir K_1 und K_2 auf der Diagonale PQ aufreihen und anschließend K_1 um irgendeinen Punkt im schraffierten Bereich entgegen dem Uhrzeiger ein wenig drehen. K_1 berührt dann K_2 nicht länger, bleibt jedoch innerhalb von K und läßt sich dabei ein wenig vergrößern. Die beiden letzten Figuren verletzen eine andere Bedingung, die wir als „Bedingung der Nichtrotierbarkeit" bezeichnen; diese Bedingung ist notwendig für die Straffheit konvexer Figuren.

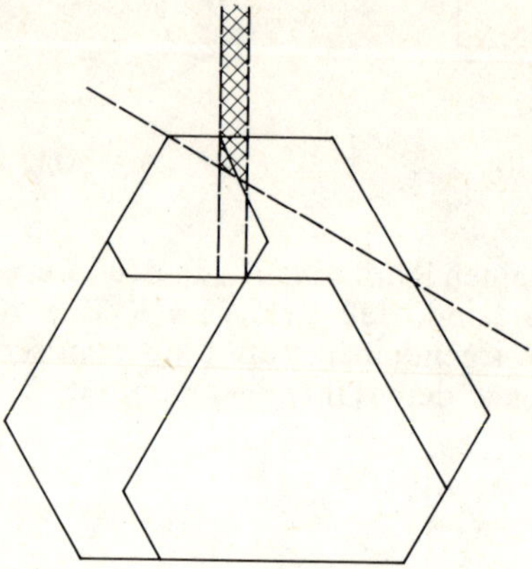

Abb. 13

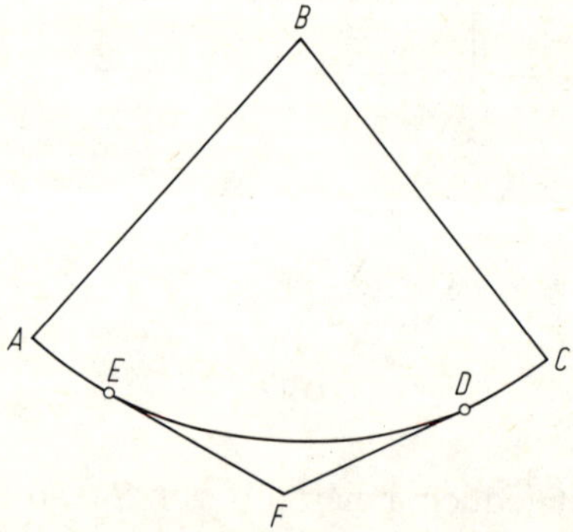

Abb. 14

Wir betrachten ein letztes Beispiel. K_0 sei aus einem Viertelkreis ABC mit dem rechten Winkel bei B dadurch konstruiert (siehe Abb. 14), daß der zwischen D und E liegende Bogen ersetzt wird durch die Abschnitte auf den durch D und E laufenden Tangenten, die sich in einem gewissen Punkt, etwa F, treffen mögen. Man betrachte die auf der Sehne $\overline{BF}$ aufgereihten Figuren K_1 und K_2, wobei B zu K_1 und F zu K_2 gehören. Sei B' derjenige Punkt von $\overline{BF}$, in welchem K_1 K_2 berührt. K_2 werde nun um den Mittelpunkt der Strecke $\overline{B'F}$ um 180° gedreht, wodurch die Figur K_2' entsteht (Abb. 15). Der Winkel bei F ist stumpf, da er von zwei Tangenten

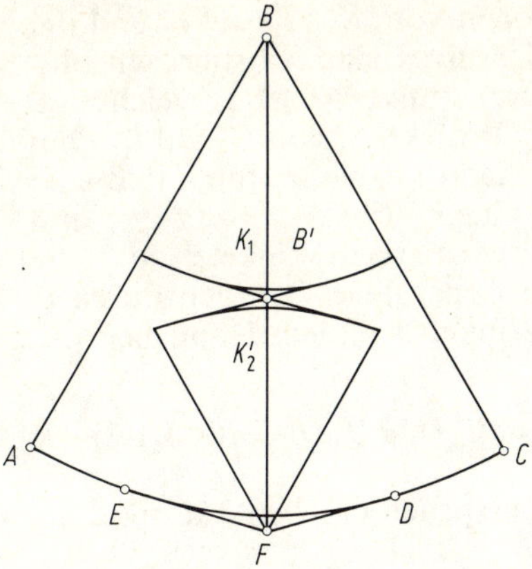

Abb. 15

gebildet wird, deren zugehörige Radien $\overline{BD}$ und $\overline{BE}$ einen spitzen Winkel einschließen. Somit läßt sich K_2' ein wenig um F drehen und berührt anschließend K_1 nicht mehr. K_2' kann somit vergrößert werden, woraus sich ergibt, daß die betrachtete Figur nicht straff ist.

Ausgehend von den obigen Beispielen leiten wir in den folgenden drei Abschnitten jeweils eine für die Gültigkeit von $\hat{K}^+ = 1$ notwendige Bedingung her.

§ 6. Die Bedingung minimaler Breite

19. Definition: Sei K eine konvexe Figur mit $P \in \partial(K)$. Unter der *minimalen Breite in P* verstehen wir das Minimum aller Breiten, die jeweils bez. einer durch P verlaufenden Stützgeraden gemessen werden; sie sei mit $\boldsymbol{w}(P)$ bezeichnet. *K genügt der Bedingung konstanter minimaler Breite* (im folgenden „Bedingung minimaler Breite" oder kurz „*MB*-Bedingung" genannt), falls $\boldsymbol{w}(P)$, $P \in \partial(K)$, nicht von P abhängt. Wir setzen $\boldsymbol{m}(K) = \min_{P \in \partial(K)} \boldsymbol{w}(P)$.

Der folgende Satz ist wohlbekannt ([1], S. 77); der Vollständigkeit halber bringen wir einen Beweis.

20. Satz: *Sei K eine konvexe Figur und seien l_1 sowie l_2 Stützgeraden in einer Richtung minimaler Breite. Dann existieren Punkte P_1 und P_2 in den Mengen $l_1 \cap K$ bzw. $l_2 \cap K$ derart, daß $\overline{P_1 P_2}$ senkrecht auf l_1 steht.*

Beweis: Wäre der Satz falsch, dann würde die orthogonale Projektion von $K \cap l_1$ auf l_2 die Menge $K \cap l_2$ nicht schneiden. Da die Projektionen von $K \cap l_1$ auf l_2 und die Menge $K \cap l_2$ abgeschlossen und konvex sind, existiert ein in keiner dieser beiden Mengen liegender Punkt $Q_2 \in l_2$, welcher diese Mengen in l_2 trennt. Q_1 sei die Projektion von Q_2 auf l_1. Dann ist $\overline{Q_1 Q_2} = \boldsymbol{m}(K)$. Denn für hinreichend kleines α_1 folgt, daß eine durch Q_1 laufende Gerade, welche einen Winkel $\alpha, 0 < \alpha < \alpha_1$ mit l_1 bildet, K nicht schneidet. Analog existiert ein Winkel α_2 zu Q_2. Sei $0 < \beta < \min(\alpha_1, \alpha_2)$ und seien l' und l'' parallele Geraden durch Q_1 bzw. Q_2, die mit l_1 bzw. l_2 den Winkel β bilden. Dann liegt K zwischen l' und l'', und es gilt

$$d(l', l'') < \overline{Q_1 Q_2} = d(l_1, l_2) = \boldsymbol{m}(K).$$

Da sich ein Widerspruch ergeben hat, muß der obige Satz gelten. q.e.d.

21. Lemma: *Sei $P_1 \in \partial(K)$ und seien l_1 und l_2 so gewählt, daß l_1 und l_2 parallele Stützgeraden von K sind mit $P_1 \in l_1$ und $d(l_1, l_2) = \boldsymbol{w}(P_1)$. Sei $P_2 \in l_2 \cap K$. Dann ist mindestens eine der vier Halbgeraden, in welche die Punkte P_1 und P_2 die Geraden l_1 bzw. l_2 teilen, eine Halbtangente von K, die mit $P_1 P_2$ einen Winkel von höchstens 90° bildet.*

Beweis: Wäre keine der vier Halbgeraden, die mit $P_1 P_2$ einen nicht-stumpfen Winkel bilden, Halbtangente von K, so ließe sich ein hinreichend kleiner Winkel α derart finden, daß die von P_1 und P_2 ausgehenden Halbgeraden, die den Winkel α mit l_1 bzw. l_2 bilden, K lediglich in P_1 bzw. P_2 träfen. Eine dieser Halbtangenten bildet mit $P_1 P_2$ einen Winkel, der kleiner ist als jeder der Winkel, den sie mit l_1 oder l_2 bildet. Die durch P_1 bzw. P_2 laufenden Geraden, l' und l'', die parallel zur erwähnten Halbgeraden sind, stellen Stützgeraden dar, deren Abstand kleiner ist als der Abstand der Geraden l_1 und l_2. Somit ist $\boldsymbol{w}(P_1) \le d(l', l'') < d(l_1, l_2) = \boldsymbol{w}(P_1)$. Widerspruch. Somit ist eine der Halbgeraden Halbtangente, die mit $P_1 P_2$ einen nicht-stumpfen Winkel bildet. q.e.d.

22. Satz: *Ist K straff, so erfüllt K die Bedingung minimaler Breite.*

Beweis: Wir werden zeigen, daß K nicht straff ist, falls K die erwähnte Bedingung nicht erfüllt. Seien also $P, P_1 \in \partial(K)$ Punkte derart, daß $w(P_1) > w(P)$ gilt. Wir werden beweisen, daß sich daraus $\hat{K}^+ > 1$ ergibt.

Seien P_2 und parallele Stützgeraden l_1 und l_2 derart gewählt, daß $P_1 \in l_1 \cap \partial(K)$, $P_2 \in l_2 \cap \partial(K)$ und $w(P_1) = d(l_1, l_2)$ gilt. Nach Lemma 21 existiert unter den vier Halbstrahlen einer, welcher Halbtangente von K ist. Wir können annehmen, daß $P_1 \in r$ gilt; der Fall $P_2 \in r$ wird ganz analog behandelt.

Bevor wir den eigentlichen Beweis geben, wollen wir die Beweisidee skizzieren. K_1 und K_2 seien auf der Sehne $\overline{P_1 P_2}$ zum Parameter λ für sehr kleines λ aufgereiht, wobei K_1, die kleinere der Figuren K_1 und K_2, bei P_1 liegt. Man beachte nun, daß $K - K_2$, die mengentheoretische Differenz der Mengen K und K_2, ein Stück in der Nähe von P_1 enthält, das wie ein langer Streifen mit parallelen Seiten aussieht, dessen „Breite" $\lambda \cdot w(P_1)$ beträgt. Da $\lambda \cdot w(P) > \lambda \cdot w(P_1)$ gilt, könnten wir K_1 durch eine kongruente Figur K' ersetzen, die so umorientiert ist, daß sie in den „Fast-Streifen" paßt, ohne $\partial(K)$ oder K_2 zu berühren. Durch eine geringfügige Vergrößerung von K' werde die Figur K'' erhalten, welche selbst weder K_2 noch $\partial(K)$ berührt, obwohl sie noch in K liegt. Dann ergibt sich

$$\pi(K'') + \pi(K_2) > \pi(K') + \pi(K_2) = \pi(K_1) + \pi(K_2) = \pi(K) = 1,$$

so daß $\hat{K}^+ > 1$ ist. Dies würde den Satz beweisen.

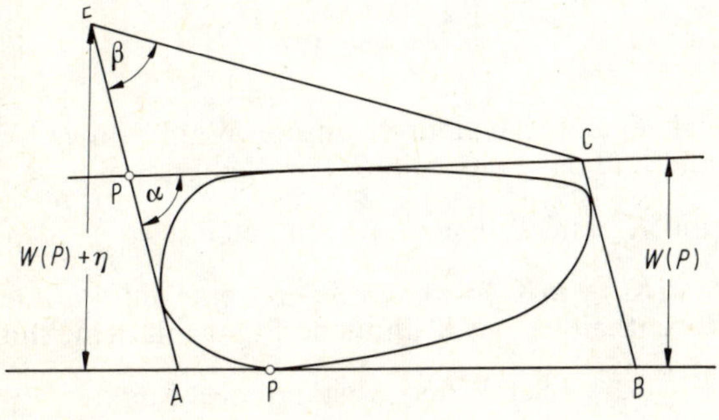

Abb. 16

Wir beginnen nun mit dem eigentlichen Beweis. Sei α der Winkel, den die Halbgerade r mit der Strecke $\overline{P_1 P_2}$ bildet, und sei $ABCD$ ein K enthaltendes Parallelogramm derart, daß $\overline{AB}$ und $\overline{CD}$ auf parallelen Stützgeraden mit dem Abstand $w(P)$ liegen, wobei der Winkel in D gleich α sei. $\eta>0$ werde so gewählt, daß $w(P)+\eta < w(P_1)$ gilt. Sei $\overline{AD}$ bis zum Punkt E verlängert derart, daß E von der $\overline{AB}$ enthaltenden Stützgeraden den Abstand $w(P)+\eta$ besitzt (Abb. 16). Sei $\sphericalangle AEC=\beta$. Man beachte, daß $\beta<\alpha$ gilt. Man zeichne nun eine Sekante durch P_1, welche mit der Strecke $\overline{P_1 P_2}$ den Winkel β bildet und $\partial(K)$ in Q trifft. Q_1 sei nun auf $\overline{P_1 Q}$ so nahe an P_1 gewählt, daß folgende Konstruktion nicht aus K hinausführt:

Man zeichne eine zu r parallele Gerade durch Q_1, welche $\overline{P_1 P_2}$ in R_1 treffe (siehe Abb. 17). Auf $\overline{Q_1 R_1}$ konstruiere man ein zu $ABCD$ ähnliches Parallelogramm $P_3 Q_3 Q_1 R_1$, wobei $\overline{R_1 P_3}$ der

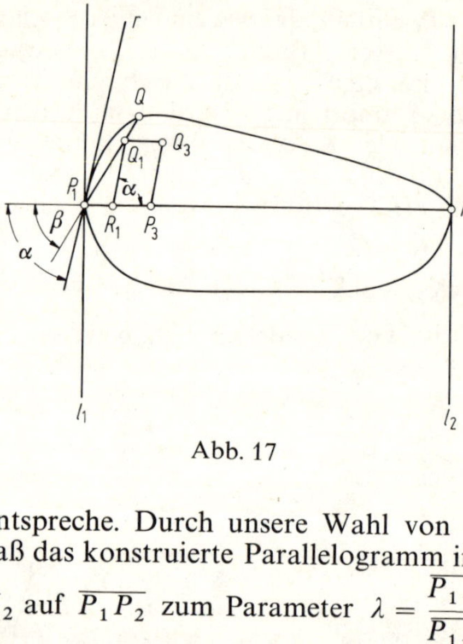

Abb. 17

Strecke $\overline{DA}$ entspreche. Durch unsere Wahl von Q_1 haben wir sichergestellt, daß das konstruierte Parallelogramm in K liegt. Nun seien K_1 und K_2 auf $\overline{P_1 P_2}$ zum Parameter $\lambda = \dfrac{\overline{P_1 P_3}}{\overline{P_1 P_2}}$ aufgereiht. Dann gilt $\pi(K_1)+\pi(K_2)=\pi(K)$. Sei K' eine im Parallelogramm $P_3 Q_3 Q_1 R_1$ enthaltene, zu K ähnliche Figur mit dem Ähnlichkeitsfaktor $\mu = \dfrac{\overline{P_3 R_1}}{\overline{AD}}$. Sei h der Abstand des Punktes P_1 von der Strecke $\overline{P_3 Q_3}$. Da die Figur $P_1 Q_1 Q_3 P_3$ ähnlich zu $ECBA$ mit dem Ähnlichkeitsfaktor μ ist, sehen wir, daß $h=\mu(w(P)+\eta)<\mu\cdot w(P_1)$ gilt.

Andererseits ist $h=\lambda\cdot w(P_1)$, da die Halbgerade r und die zu ihr parallelen Halbgeraden, deren Endpunkte P_3 bzw. P_1 sind, auf Stützgeraden liegen. Es folgt $\mu>\lambda$ und $\pi(K')>\pi(K_1)$. Nun liegt aber K' in K und schneidet K_2 nicht. Somit sind K' und K_2 in K eingelagert, und es gilt

$$\pi(K')+\pi(K_2)>\pi(K_1)+\pi(K_2)=\pi(K)=1,$$

woraus sich sofort $\hat{K}^+>1$ ergibt. q.e.d.

23. Korollar: *K habe die Eigenschaft, daß es zu jedem $P\in\partial(K)$ nur eine Breite in P gibt. Dann ist K genau dann straff, wenn K eine Figur konstanter Breite ist.*

24. Korollar: *Besitzt K keine Winkelpunkte, dann ist K genau dann straff, falls K eine Figur konstanter Breite ist.*

25. Satz: *Ist K strikt konvex (d.h. besitzt K keine Seiten) und genügt es der MB-Bedingung, so ist K eine Figur konstanter Breite.*

Beweis: Da K keine Seite besitzt, hat jede Stützgerade genau einen Punkt mit K gemeinsam, und durch jeden Punkt, der kein Winkelpunkt ist, verläuft genau eine Stützgerade. Ist K nicht eine Figur konstanter Breite, so existieren parallele Stützgeraden l und l' mit $d(l,l')=h>\boldsymbol{m}(K)$. Wir setzen $l\cap K=P$, $l'\cap K=P'$. Seien r und r' Halbtangenten von K in den Punkten P bzw. P', welche auf verschiedenen Seiten von $\overline{PP'}$ liegen. Ohne Beschränkung der Allgemeinheit können wir annehmen, daß der Winkel zwischen r und $\overline{PP'}$, der mit α bezeichnet sei, mindestens so groß ist wie der Winkel α', welcher von r' und $\overline{PP'}$ gebildet wird. Daher sind die Geraden l_0 und l'_0, die durch P bzw. P' laufen und mit $\overline{PP'}$ den Winkel α bilden, Stützgeraden.

Höchstens abzählbar viele Punkte aus $\partial(K)$ sind Winkelpunkte, so daß sich auf $\partial(K)$ eine auf der Seite von r „monoton" gegen P konvergierende Folge $\{P_n\}$ derart finden läßt, daß durch jedes P_n genau eine Stützgerade, etwa l_n, verläuft. Mit l'_n sei die zu l_n parallele, auf der anderen Seite von K verlaufende Stützgerade bezeichnet, welche K im Punkt P'_n berühre. Der Abstand zwischen l_n und l'_n ist dann für jedes n die eindeutig bestimmte Breite im Punkt P_n. Auf Grund von Lemma 20 ist $\overline{P_nP'_n}\perp l_n$ für alle $n\geq 1$, und es gilt

$$d(P_n,P'_n)=d(l_n,l'_n)=\boldsymbol{w}(P_n)=\boldsymbol{m}(K),\qquad n\geq 1,$$

da K der MB-Bedingung genügen muß. Wir wissen, daß die Grenzlage der Geraden l_n eine gewisse Gerade, l_0, ist; entsprechend ist die Grenzlage der Geraden l'_n, l'_0, die zu l_0 parallele Stützgerade. Die Folge P'_n konvergiert gegen P''. Es muß aber $P''=P'$ sein, denn sonst enthielte l'_0 die Punkte P' und P'', woraus sich $\overline{P'P''}$

$\subset \partial(K)$ im Widerspruch zur Annahme ergäbe. Somit gilt also $P'_n \to P'$. Daraus folgt

$$d(P_n, P'_n) \to d(P, P') \geq d(l, l') = h > \boldsymbol{m}(K),$$

was unmöglich ist, da $d(P_n, P'_n) = \boldsymbol{m}(K)$, für alle $n \geq 1$, gilt. Wir sind also zu einem Widerspruch gelangt, womit der Satz bewiesen ist.
q.e.d.

§ 7. Die Bedingung der Nichtrotierbarkeit

26. Definition: P_1 und P_2 seien gegenüberliegende Punkte auf $\partial(K)$, durch welche ein Paar paralleler Stützgeraden verläuft. Wir sagen, P_1 und P_2 genügen der *Rotierbarkeitsbedingung*, falls ein Punkt R existiert, der im Innern jeder der drei Halbebenen H_1, H_2 und H liegt, die wie folgt definiert werden.

H_2 sei die P_1 enthaltende Halbebene, die durch die Gerade m_2 begrenzt wird, wobei $P_2 \in m_2$ und $m_2 \perp l_2$ gelte.

Mit r_1 und r seien die Halbtangenten im Punkt P_1 bezeichnet, wobei $r \subset H_2$ gelte (siehe Abb. 18). P sei derjenige Punkt in der Menge $K \cap r_1$, welcher am weitesten von P_1 entfernt ist.

H sei die r nicht enthaltende Halbebene, welche von der Geraden m begrenzt wird, wobei $P_1 \in m$ und $m \perp r$ gelte.

H_1 sei die ein unendlich langes Stück von r_1 enthaltende Halbebene, die von der Geraden m_1 begrenzt wird, wobei $P \in m_1$ und $m_1 \perp r_1$ gelte.

Falls einer der Punkte P_1 oder P_2 im Innern einer Seite von K liegt, so können wir ihn durch denjenigen Endpunkt der Seite ersetzen, welcher vom jeweils anderen Punkt den größeren Abstand

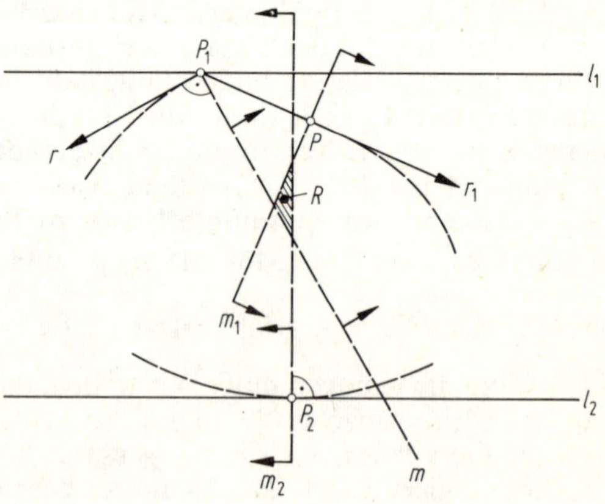

Abb. 18

besitzt. Diese Wahl vergrößert den Durchschnitt $H_1 \cap H_2 \cap H$. Wir nehmen daher an, daß P_1 und P_2 stets in der angegebenen Weise gewählt sind.

27. Definition: Wir werden sagen, K erfülle die *Bedingung der Nichtrotierbarkeit* oder kurz NR-Bedingung, falls kein Paar einander gegenüberliegender Punkte existiert, welches der Rotierbarkeitsbedingung genügt.

28. Satz: *Ist K straff, so erfüllt K die Bedingung der Nichtrotierbarkeit.*

Beweis: Wir nehmen an, P_1 und P_2 genügen der Rotationsbedingung und zeigen, daß K nicht straff ist.

Q_1 und Q_3 seien diejenigen Punkte von K_0, die P_1 bzw. P_3 entsprechen. K_1 und K_2 seien auf der Sehne $\overline{Q_1 Q_3}$ zum Parameter $\lambda, 0<\lambda<1$ aufgereiht. Sei Q_2 derjenige Punkt von K_1, der P_2 entspricht. Indem man die Punkte Q_1 und Q_2 von K_1 durch die Punkte P_1 und P_2 von K ersetzt, bezeichne man mit R_1 einen Punkt für K_1, der dem Punkt R für K entspricht. Man beachte, daß die einzigen Punkte, die K_1 möglicherweise mit K_0 gemeinsam hat,

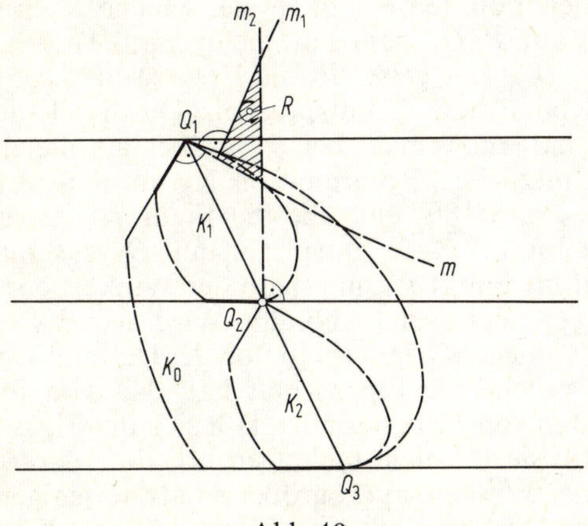

Abb. 19

auf den von Q_1 ausgehenden Halbtangenten liegen, und daß der einzige Punkt, den K_1 und K_2 gemeinsam haben, Q_2 ist. Wird somit die Figur K_1 ein wenig um R_1 gedreht, so berührt sie nicht länger die Mengen K_2 und $\partial(K_0)$. Daher kann K_1 vergrößert werden (siehe Abb. 19). q.e.d.

§ 8. Die Bedingung gegenüberliegender Winkel

29. Definition: Die konvexe Menge K genüge der *Bedingung gegenüberliegender Winkel* (oder einfach GW-Bedingung) genau dann, falls sie die Eigenschaften $GW1$ und $GW2$ besitzt, die wie folgt definiert sind.

$GW1$. Für jeden Durchmesser $\overline{PQ}$ sind die Winkel zwischen den Halbtangenten bei P bzw. Q gleich. Ist weiter Q eine Ecke, dann sind entweder die Halbtangenten in P und Q parallel, oder es existiert ein weiterer Durchmesser $\overline{PR}$ im Punkt P.

$GW2$. Für gegenüberliegende Punkte P und Q mit der Eigenschaft, daß alle Punkte von $\partial(K)$ in einer gewissen Umgebung von Q näher an P liegen als Q, kann nicht der Fall eintreten, daß jeder der Winkel, die die Halbtangenten im Punkt Q mit der Sehne $\overline{PQ}$ bilden, größer ist als der zugehörige innere Wechselwinkel, den die entsprechende Halbtangente im Punkt P mit $\overline{PQ}$ bildet.

30. Satz: *Ist K straff, so genügt K der GW-Bedingung.*

Beweis: Wir zeigen, daß K nicht straff ist, falls K nicht der GW-Bedingung genügt. Wir nehmen zunächst an, daß K nicht der Bedingung $GW2$ genügt. Seien P_0 und Q_0 diejenigen Punkte aus K_0, welche den Punkten P bzw. Q der Menge K entsprechen. K_1 und K_2 seien auf $\overline{P_0Q_0}$ zum Parameter $\lambda \in (0,1)$ aufgereiht, wobei $P_0 \in K_1$ und $Q_0 \in K_2$ gelte. P_2 und Q_2 seien diejenigen Punkte von K_2, welche P bzw. Q entsprechen. Da die Bedingung $GW2$ verletzt ist, sind die Winkel bei Q_2 größer als diejenigen bei P_2. Durch eine (mögliche!) Rotation von K_2 um den Mittelpunkt der Strecke $\overline{P_2Q_2}$ um $180°$ entstehe die Figur K_2', deren Punkt P_2', welcher dem Punkt $P \in K$ entspricht, mit Q_2 zusammenfällt, und deren Winkel im Punkt P_2' innerhalb des Winkels der Figur K_0 im Punkt $Q_0 = Q_2$ liegt (siehe Abb. 20). Wird also λ so gewählt, daß K_2 klein ist, so liegt K_2' innerhalb von K. Da eine Umgebung von Q_2' existiert, welche die Eigenschaft hat, daß von ihren Punkten Q_2' am weitesten von P_2' entfernt ist, läßt sich die Figur K_2' ein wenig so drehen, daß sie K_1 nicht mehr berührt. Eine derartige Drehung existiert, da der Winkel bei Q_0 größer ist als derjenige bei P_2'. Nach der erwähnten Drehung läßt sich K_2' vergrößern. K ist somit nicht straff. Eine straffe Figur muß also die Bedingung $GW2$ erfüllen.

Um zu zeigen, daß eine straffe Figur der Bedingung $GW1$ genügt, benötigen wir zwei Lemmata.

31. Lemma: *Genügt eine Figur K der MB-Bedingung und ist K nicht eine Figur konstanter Breite, so ist die Anzahl der Durchmesser von K endlich.*

Beweis: Wir nehmen an, daß K unendlich viele Durchmesser mit einer Länge $d>h$ besitzt, worin h die minimale Breite bezeichne. Es läßt sich dann eine Folge von Durchmessern $\overline{P_i Q_i}$ derart

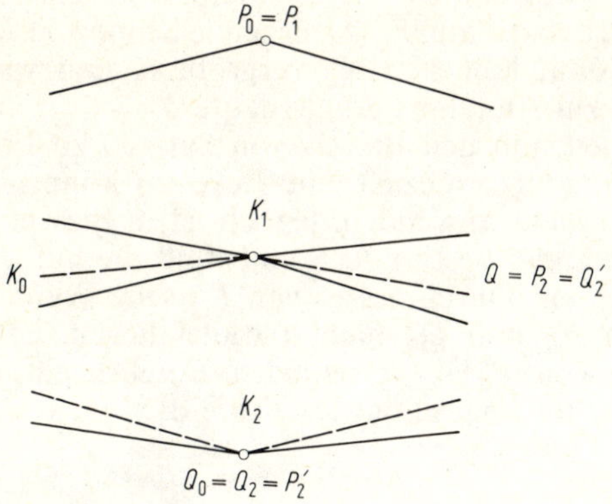

Abb. 20

finden, daß $P_i \to P_0$, $Q_i \to Q_0$ gilt und $\overline{P_0 Q_0}$ ebenfalls ein Durchmesser ist. Da die beiden Geraden, die durch die Endpunkte eines Durchmessers verlaufen und senkrecht auf ihm stehen, Stützgeraden von K sind, folgt, daß die zwischen Q_n und Q_0 liegenden Randpunkte denjenigen zwischen P_n und P_0 gegenüberliegen. Liegen aber Q_n und P_n hinreichend nahe bei Q_0 bzw. P_0, so gilt

$$\operatorname{dist}(\overline{Q_n Q_0}, \overline{P_n P_0}) > d - \varepsilon > h$$

für große n und hinreichend kleines ε. Da K die Strecken $\overline{Q_n Q_0}$ und $\overline{P_n P_0}$ enthält, genügen die auf dem Rand liegenden Bögen $\widehat{Q_n Q_0}$ und $\widehat{P_n P_0}$ ebenfalls der Beziehung $\operatorname{dist}(\widehat{Q_n Q_0}, \widehat{P_n P_0}) > h$. Das bedeutet aber, daß die Breite in einem Punkt im Innern des Bogens $\widehat{Q_n Q_0}$ größer als h ist. Dies widerspricht der MB-Bedingung. q.e.d.

32. Lemma: *Ist K straff, so sind die Winkel, welche die Halbtangenten in den Endpunkten eines Durchmessers jeweils miteinander bilden, einander gleich.*

Beweis: Sei $\overline{PQ}$ ein Durchmesser. Wir nehmen an, daß der Winkel bei Q größer ist als derjenige bei P. Wie im Beweis dafür, daß die Bedingung $GW2$ notwendig für Straffheit ist, reihen wir

K_1 und K_2 auf $\overline{P_0 Q_0}$ auf, wobei $Q_0 \in K_2$ gelte. Durch eine geeignete Rotation mit nachfolgender Translation bringen wir K_2 in die Lage K'_2 derart, daß der Winkel bei P'_2 in den Winkel bei Q_0 zu liegen kommt. Wiederum gilt, daß K'_2 innerhalb von K_0 liegt, falls K'_2 klein genug ist. Da der Winkel bei Q_0 größer als derjenige bei P'_2 ist und da nur endlich viele Durchmesser existieren, läßt sich K'_2 so drehen, daß die auf $\overline{P_0 Q_0}$ liegende Sehne von K'_2 kein Durchmesser ist. Somit läßt sich K'_2 vergrößern, und wir haben einen Widerspruch zur Annahme erhalten. q.e.d.

Wir können nun den Beweis von Satz 30 zu Ende führen. Ist der Winkelpunkt Q_0 speziell eine Ecke, so können wir die obige Schlußweise erneut anwenden, jedoch ist in diesem Fall die Lage von K'_2 vollständig bestimmt. Somit muß die auf $\overline{P_0 Q_0}$ liegende Sehne von K'_2 ein Durchmesser von K'_2 sein. Wenn die Winkel in den Punkten P_0 und Q_0 nicht parallel liegen, ist der genannte Durchmesser von $\overline{P'_2 Q'_2}$ verschieden. Folglich gilt $GW1$, falls K straff ist. Satz 30 ist damit bewiesen. q.e.d.

§ 9. $\hat{K}^+ = 1$: Reguläre n-Ecke, n gerade

Für den Rest dieser Arbeit nehmen wir an, daß $\hat{K}^+ = 1$ gilt; der aufmerksame Leser wird in der Tat merken, daß wir lediglich die MB-, NR- sowie die GW-Bedingung benutzen. Ist K nicht eine Figur konstanter Breite, dann wählen wir zwei Punkte, P_1 und P_2, derart, daß $\overline{P_1 P_2}$ ein Durchmesser ist. Sei l_1 eine Stützgerade durch P_1, welche in einer Richtung minimaler Breite verläuft; sei l_2 die zu l_1 parallele Stützgerade.

33. Lemma: *l_1 kann so gewählt werden, daß $P_2 \in l_2$ gilt.*

Beweis: Läßt sich l_1 auf mehr als eine Art wählen, so wähle man l_1 so, daß $\operatorname{dist}(l_2 \cap K, P_2)$ minimal ist. Sei Q_2 der am nächsten bei P_2 liegende Punkt aus der Menge $l_2 \cap K$. Gilt $P_2 = Q_2$, so sind wir fertig. Im Fall $P_2 \neq Q_2$ wähle man einen zwischen P_2 und Q_2 liegenden Punkt $Q_3 \in \partial(K)$ derart, daß durch Q_3 genau eine Stützgerade verläuft, die wir mit l_3 bezeichnen wollen. Die zu l_3 parallele Stützgerade l muß durch P_1 gehen, da Q_3 zwischen P_2 und Q_2 liegt. Da l_3 die einzige Stützgerade ist, die durch Q_3 geht, muß auf Grund der MB-Bedingung $\operatorname{dist}(l, l_3) = h$ gelten. Dies widerspricht der Wahl von l_1. Somit gilt $P_2 = Q_2$. q.e.d.

Da wegen Satz 20 $\operatorname{dist}(l_1, l_2) = h$ gilt, existieren Punkte $Q_1 \in l_1 \cap K$ und $Q_2 \in l_2 \cap K$ mit $\overline{Q_1 Q_2} \perp l_1$. Können Q_1 und Q_2 so gewählt werden, daß weder $Q_1 = P_1$ noch $Q_2 = P_2$ gilt, so besitzt

K parallele Seiten, welche die Punkte P_1 bzw. P_2 enthalten. Lassen sich Q_1 und Q_2 nicht, wie oben angegeben wählen, so können wir ohne Beschränkung der Allgemeinheit $P_1 = Q_1$ annehmen, woraus $\overline{P_1 Q_2} \perp l_2$ und somit $h = \text{dist}(P_1, Q_2) < \text{dist}(P_1, P_2) = d$ folgt; $\overline{P_2 Q_2}$ ist also Teil einer Seite von K. Wir unterscheiden nun zwei sich gegenseitig ausschließende Fälle, die alle Möglichkeiten erfassen.

Fall I: Für eine gewisse Wahl von Punkten P_1 und P_2 als Endpunkte eines Durchmessers erhalten wir parallele Seiten.

Fall II: Für keine Wahl von Punkten P_1 und P_2 als Endpunkte eines Durchmessers erhalten wir parallele Seiten.

34. Satz: *Liegt Fall I vor, so ist K ein reguläres n-Eck, n gerade.*

Zum Beweis dieses Satzes benötigen wir das folgende Lemma.

35. Lemma: *Besitzt K eine Seite $\overline{AB}$ und eine gegenüberliegende, dazu parallele Halbtangente, dann enthält die Halbtangente eine Seite $\overline{CD}$. $\overline{AB}$ und $\overline{CD}$ sind parallel, besitzen die gleiche Länge und liegen einander gegenüber.*

Beweis: Sei $\overline{CD}$ die längste Strecke, welche auf der Halbtangente liegt; möglicherweise gilt $C = D$. Haben die beiden Strecken $\overline{AB}$ und $\overline{CD}$ nicht die im Lemma beschriebenen Eigenschaften, so können wir nach geeigneter Wahl der Bezeichnungen annehmen, daß B nicht auf $\overline{CD}$ projiziert wird, und daß D weiter von B entfernt ist als C. Es folgt, daß die NR-Bedingung verletzt ist mit $P_1 = D$, $P_2 = B$ und $P = C$. Das Lemma ist damit bewiesen. q.e.d.

Beweis von Satz 34: Seien $\overline{P_1 Q_1}$ und $\overline{P_2 Q_2}$ die parallelen Seiten, die auf Grund von Lemma 35 existieren und einander gegenüberliegen. Es folgt $\text{dist}(Q_1, Q_2) = \text{dist}(P_1, P_2) = d$, so daß auch $\overline{Q_1 Q_2}$ ein Durchmesser ist. Die von P_i aus durch Q_i gehende Halbgerade ist eine Halbtangente von K, $i = 1, 2$. Seien r_1 und r_2 die übrigen Halbtangenten in den Punkten P_1 bzw. P_2. Da die Tangentenwinkel in den Punkten P_1 und P_2 einander gleich sind, folgt mit Hilfe von Lemma 32 $r_1 \| r_2$. Falls weder r_1 noch r_2 eine Seite von K enthalten, wähle man ein $R_1 \in \partial(K)$ nahe bei P_1 derart, daß R_1 und r_1 auf derselben Seite von P_1 liegen. Liegt R_1 hinreichend nahe bei P_1, so befinden sich alle R_1 gegenüberliegenden Punkte nahe bei P_2; ihr Abstand von P_2 ist jedoch größer als $h < d = \text{dist}(P_1, P_2)$. Dies verletzt die MB-Bedingung, so daß r_1 oder r_2 eine Seite von K enthält. Erneute Anwendung von Lemma 35 zeigt, daß r_1 und r_2 gleichlange (parallele!) einander gegenüberliegende Seiten enthalten müssen. Seien R_1 und R_2 die Endpunkte dieser Seiten. Auf Grund der MB-Bedingung gilt $\text{dist}(\overline{P_1 R_1}, \overline{P_2 R_2}) = \text{dist}(\overline{P_1 Q_1}, \overline{P_2 Q_2}) = h$.

Weiter ist $\overline{P_1 P_2}$ gemeinsame Diagonale der Rechtecke $P_1 Q_1 Q_2 P_2$ und $P_1 R_1 R_2 P_2$. Somit sind diese Rechtecke kongruent, wobei $\overline{P_1 R_1}$ $\overline{P_1 Q_1}$ entspricht. Der Winkel bei P_1 ist gleich $2 \cdot \arcsin \frac{h}{d}$, und die Länge von $\overline{P_1 Q_1}$ ist gleich $\sqrt{d^2 - h^2}$. Da wie oben erwähnt die Strecke $\overline{Q_1 Q_2}$ – wie $\overline{P_1 P_2}$ – ein Durchmesser ist, müssen zu ihr auch zwei parallele Seiten der Länge $\sqrt{d^2 - h^2}$ gehören, welche die vorigen Seiten unter dem Winkel $2 \cdot \arcsin \frac{h}{d}$ treffen. Durch Iteration gewinnen wir fortwährend weitere Paare von parallelen Seiten der Länge $\sqrt{d^2 - h^2}$, wobei die Seiten eines Paares mit denen des vorhergehenden Paares jeweils den Winkel $2 \cdot \arcsin \frac{h}{d}$ bilden. Da der gesamte Umfang beschränkt ist, gelangen wir schließlich zu bereits konstruierten Seitenpaaren. Der gesamte Umfang setzt sich somit zusammen aus Paaren paralleler Seiten der Länge $\sqrt{d^2 - h^2}$, die sich unter gleichen Winkeln treffen, d.h. K ist ein reguläres n-Eck, wobei n gerade ist. q.e.d.

§ 10. $\hat{K}^+ = 1$: Reguläre n-Ecke, n ungerade

Fall I wurde durch Satz 34 erledigt. Wir wenden uns jetzt Fall II zu.

36. Satz: *Liegt Fall II vor, so ist K ein reguläres n-Eck, n ungerade.*

Beweis: Von den Ausführungen zu Beginn des Abschnitts 9 her wissen wir, daß sich zwei Punkte, P_1 und P_2, als Endpunkte eines gewissen Durchmessers derart finden lassen, daß K eine Seite besitzt, welche $\overline{P_2 R_2}$ enthält, wobei $\overline{P_1 R_2} \perp \overline{P_2 R_2}$ und $\operatorname{dist}(P_1 R_2) = h$ gilt. Sei r_2' diejenige Halbtangente im Punkt P_2, welche $\overline{P_2 R_2}$ enthält, und sei r_2 die andere Halbtangente im Punkt P_2. Sei r_1 diejenige Halbtangente im Punkt P_1, welche nicht auf derselben Seite von $\overline{P_1 P_2}$ wie r_2 verläuft. Die Winkel $\alpha_1, \alpha_2, \beta_1$ und β_2 seien gemäß Abb. 21 gegeben. Da die Geraden, die durch die Endpunkte eines Durchmessers senkrecht zu diesem verlaufen, Stützgeraden darstellen, sind die genannten Winkel sämtlich nicht stumpf. Aus der Entwicklung von Fall II her wissen wir, daß es eine zu r_2' parallele Stützgerade durch den Punkt P_1 gibt. Somit gilt $\alpha_1 \leq \alpha_2$. Weiter folgt aus $r_1' \parallel r_2'$, daß es auf Grund von Lemma 35 parallele Seiten gibt. Da dies jedoch im Fall II nicht zutreffen kann, ergibt sich $\alpha_1 < \alpha_2$. Wegen Lemma 32 sind die Winkel zwischen den Halbtangenten in den Punkten P_1 und P_2 einander gleich, so daß $\alpha_1 + \beta_1 = \alpha_2 + \beta_2$ gilt, woraus $\beta_1 > \beta_2$ folgt.

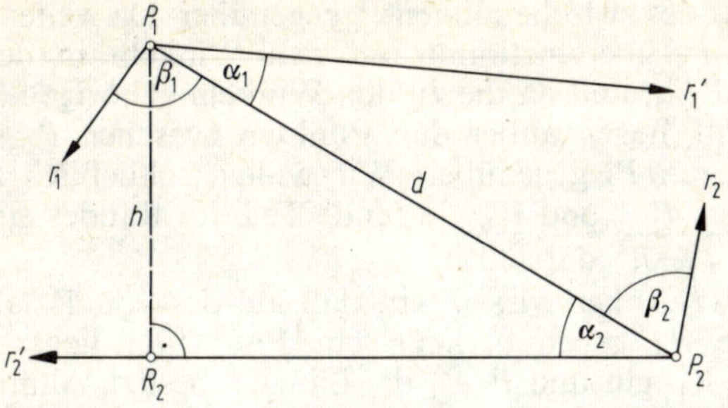

Abb. 21

Falls r_1 keine Seite enthält, wähle man R_1 nahe genug bei P_1 derart, daß R_1 gegenüber von P_2 liegt, $\operatorname{dist}(R_1, P_2) > h$ und für alle Punkte $T \in \partial(K)$ zwischen R_1 und P_1 $\operatorname{dist}(T, P_2) > h$ gilt; dies ist möglich wegen $\operatorname{dist}(P_1, P_2) = d > h$ und $\beta_1 > \beta_2$. Wählen wir eine Stützgerade l, die $\partial(K)$ strikt zwischen R_1 und P_1 berührt, so liegt lediglich P_2 gegenüber der Menge $l \cap \partial(K)$, und da alle diese Punkte zu weit von P_2 entfernt sind, liefert Satz 22 einen Widerspruch. Somit enthält r_1 eine Seite, und wegen Satz 20 existiert auf dieser Seite ein Punkt R_1 derart, daß $\overline{P_2 R_1} \perp \overline{P_1 R_1}$ und $\operatorname{dist}(R_1, P_2) = h$ gilt. Der Punkt R_1 (auf der Seite $\overline{P_1 R_1}$) liegt dann symmetrisch zum Punkt R_2 (auf der Seite $\overline{P_2 R_2}$).

Enthält r'_1 keine Seite, dann ist die NR-Bedingung verletzt (wobei l_2 r'_2 enthält, $l_1 \parallel l_2$, $P_1 \in l_1$, $r = r_1$, $r_1 = r'_1$ und folglich $P = P_1$ gilt). Auf Grund der oben erwähnten Symmetrie enthält r_2 ebenfalls eine Seite.

Da die Winkel in den Endpunkten des Durchmessers nicht parallel sind und da die Punkte P_1 und P_2 beide Ecken sind, ergibt sich mit Hilfe von $GW1$, daß es weitere Durchmesser $\overline{P_0 P_1}$ und $\overline{P_2 P_3}$ gibt. Indem man in der obigen Überlegung die Strecke $\overline{P_1 P_2}$ zunächst durch $\overline{P_0 P_1}$, dann durch $\overline{P_2 P_3}$ ersetzt, findet man Punkte P_{-1} und P_4 derart, daß $\overline{P_{-1} P_0}$ und $\overline{P_3 P_4}$ Durchmesser sind. Durch Fortsetzung dieses Verfahrens erhalten wir eine Folge von Ecken $\ldots P_{-2}, P_{-1}, P_0, P_1, P_2 \ldots$ mit gleichen Winkeln derart, daß $\overline{P_i P_{i+1}}$ ein Durchmesser ist, $i = 0, \pm 1, \pm 2, \ldots$ Da es lediglich eine endliche Anzahl derartiger Winkel geben kann, muß sich diese Folge wiederholen. Man beachte, daß der im Endpunkt eines Durchmessers liegende Winkel durch den Durchmesser in zwei Teile geteilt wird, wobei einer stets gleich $\arcsin \frac{h}{d}$ ist. Folglich liegen einem Punkt P_i stets genau die beiden anderen Punkte P_{i-1} und P_{i+1} gegenüber, so daß $\overline{P_i P_{i-1}}$ und $\overline{P_i P_{i+1}}$ Durchmesser sind. Da P_{i-1} und P_{i+1} beide P_i gegenüberliegen, liegt der gesamte Teil des Randes zwischen ihnen P_i gegenüber. Da weiter der Winkel im Punkt P_i übereinstimmt mit den Winkeln in den Punkten P_{i-1} bzw. P_{i+1}, und da die zu den Winkeln gehörigen Seiten nicht parallel sind, liegen außer den Punkten zwischen P_{i-1} und P_{i+1} keine weiteren P_i gegenüber. Wir wollen schließlich zeigen, daß der zwischen P_{i-1} und P_{i+1} liegende Teil des Randes eine Seite der Länge $2\sqrt{d^2-h^2}$ darstellt.

Von Satz 20 her wissen wir, daß auf der von P_1 ausgehenden Kante, die P_2 gegenüberliegt, ein Punkt R_1 liegt derart, daß $\overline{P_2 R_1} \perp \overline{P_1 R_1}$ gilt und $\overline{P_2 R_1}$ die Länge h besitzt. Ähnlich liegt auf der zur Ecke P_1 gehörigen Seite, die P_0 gegenüberliegt, ein Punkt S_1 derart, daß $\overline{P_0 S_1} \perp \overline{P_1 S_1}$ gilt und $\overline{P_0 S_1}$ die Länge h besitzt (siehe Abb. 22). Allgemein erhalten wir Punkte R_{i-1} und S_{i+1}

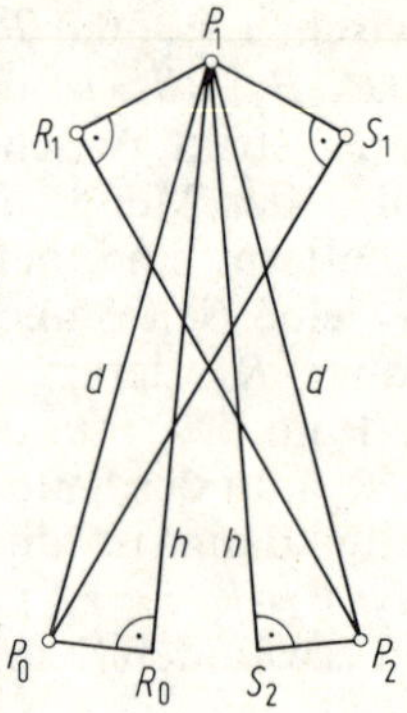

Abb. 22

auf den von P_{i-1} und P_{i+1} ausgehenden Seiten derart, daß $\overline{P_i R_{i-1}} \perp \overline{P_{i-1} R_{i-1}}$ und $\overline{P_i S_{i+1}} \perp \overline{P_{i+1} S_{i+1}}$ gilt und die Länge der Strecken $\overline{P_i R_{i-1}}$ und $\overline{P_i S_{i+1}}$ jeweils gleich h ist. Man beachte auch, daß die Länge der Strecken $\overline{P_i R_i}$ und $\overline{P_i S_i}$ jeweils gleich $\sqrt{d^2-h^2}$ ist. Wir zeigen nun, daß die von P_i ausgehenden Seiten nicht in den Punkten R_i bzw. S_i enden. Es genügt zu zeigen, daß die durch P_1 und S_1 laufende Seite nicht im Punkt S_1 endet. Wir schließen indirekt und nehmen an, daß sie im Punkt S_1 endet. Dabei unterscheiden wir zwei Fälle. Ist der Winkel im Punkt P_i spitz, so kann es lediglich drei derartige Winkel geben, und K muß wie in Abb. 23 aussehen. Diese Figur verletzt jedoch die NR-Bedingung mit $P=S_1$ und l_2 als Stützgerade, welche $\overline{P_2 S_2}$ enthält.

In diesem Fall sind nämlich m_2 und m_1 in bezug auf P_0 symmetrische Stützgeraden von K, während m durch die Verlängerung der Strecke $\overline{P_0 S_1}$ entsteht. Da $\overline{P_1 P_2}$ keine Seite ist, sieht man, daß $S_1 \neq R_2$ gilt; $\overline{P_1 P_2}$ verläuft daher oberhalb von $m_1 \cap m_2$, und es gibt folglich einen Punkt R, der den drei offenen Halbebenen gemeinsam angehört. Sind die Winkel nicht spitz, so läuft die Gerade m_1 durch das Innere von K und unterhalb von S_1, während S_1 und P_1 auf derselben Seite von m_2 liegen, da $\operatorname{dist}(P_1, m_2) = \sqrt{d^2 - h^2}$ gilt; dies stimmt

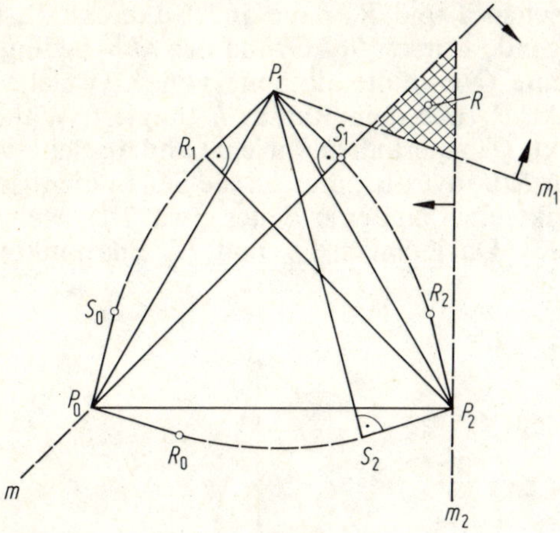

Abb. 23

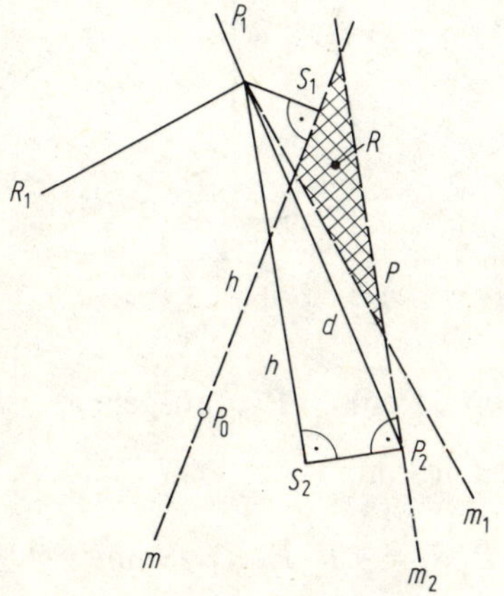

Abb. 24

mit der Länge von $\overline{P_1 S_1}$ überein, jedoch verläuft $\overline{P_1 S_1}$ nicht senkrecht zu m_2. Somit läßt sich der gewünschte Punkt R finden (siehe Abb. 24). In der Tat läßt sich $R \in \partial(K)$ so finden, daß R (von P_1 aus) auf der anderen Seite von S_1 liegt. In jedem Fall ist also S_1 kein Endpunkt der durch P_1 und S_1 laufenden Seite. Aus Symmetriegründen ergibt sich daraus, daß weder R_i noch S_i Endpunkte irgendwelcher Seiten von K sein können. Wir wollen nun zeigen, daß $R_{i+1} = S_{i-1}$ ist. Wir schließen indirekt und nehmen an, daß $R_0 \neq S_2$ gilt und betrachten den Endpunkt T derjenigen Seite, welche $\overline{P_2 S_2}$ enthält. Da $\overline{P_1 S_2} \perp \overline{P_2 S_2}$ gilt, folgt $\operatorname{dist}(T, P_1) > h$. Wählen wir irgendein $Q \in \partial(K)$ zwischen T und R_0 nahe an T, dann ist P_1 der einzige Q gegenüberliegende Punkt. Auf Grund der MB-Bedingung und Satz 20 existiert eine Q enthaltende Seite von K, welche den Kreis C um den Punkt P_1 mit dem Radius h tangiert. Wählen wir einen anderen Punkt Q', so erhalten wir eine andere Seite von K, welche C berührt. Da K konvex ist, müssen die Seiten identisch sein. Somit ist T Endpunkt einer anderen Seite, etwa $\overline{TU}$, welche C berührt (siehe Abb. 25). Da lediglich P_0 und P_2 Endpunkte von Durch-

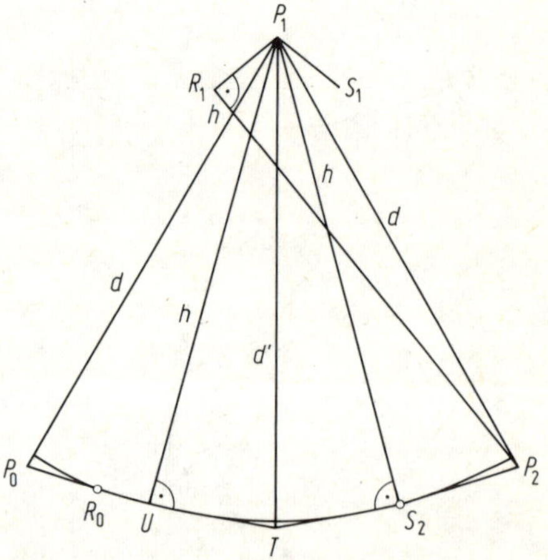

Abb. 25

messern, die vom Punkt P_1 ausgehen, sind, ergibt sich $\operatorname{dist}(P_1, T) = d' < d$. Dies impliziert $\sphericalangle UTP_1 = \sphericalangle S_2 T P_1 = \arcsin \frac{h}{d'}$ $> \arcsin \frac{h}{d} = \sphericalangle P_0 P_1 S_1 = \sphericalangle P_2 P_1 R_1$. Somit ist jeder der Winkel UTP_1 und $S_2 T P_1$ größer als jeder der Winkel $TP_1 R_1$ sowie

TP_1S_1. Dies verletzt $GW2$, ein Widerspruch. Also muß $R_0 = S_2$ gelten, so daß $\overline{P_0P_2}$ eine Seite von K der Länge $2\sqrt{d^2-h^2}$ ist. Aus Symmetriegründen ist allgemein $\overline{P_iP_{i+2}}$ eine Seite von K der Länge $2\sqrt{d^2-h^2}$. Somit besteht der Rand von K aus nicht parallelen Seiten der Länge $2\sqrt{d^2-h^2}$, welche sich unter gleichen Winkeln treffen. K ist also ein reguläres n-Eck, wobei n ungerade ist. q.e.d.

§ 11. Folgerungen

Wir kommen nun zum Hauptsatz dieser Arbeit:

37. Satz: *Sei K eine konvexe, beschränkte Figur. Dann ist K genau dann straff, wenn K entweder eine Kurve konstanter Breite oder ein reguläres Vieleck ist.*

Beweis: Durch Kombination der Sätze 25, 34 und 36.

Gleichzeitig haben wir den folgenden Satz bewiesen:

38. Satz: *Eine strikt konvexe Figur K ist genau dann eine Kurve konstanter Breite, wenn K der Bedingung minimaler Breite genügt und K keine Seite besitzt.*

Der Bedingung $\hat{K} = \sqrt{2}$ genügen lediglich gleichschenklige rechtwinklige Dreiecke und Parallelogramme, deren Seitenlängen sich wie $\sqrt{2}:1$ verhalten. Der Bedingung $\hat{K}^+ = \sqrt{2}$ hingegen genügen lediglich Rechtecke mit dem genannten Seitenverhältnis sowie gleichschenklige rechtwinklige Dreiecke.

Wir haben somit die notwendigen und hinreichenden Bedingungen für die Extrema des vorliegenden Einlagerungsproblems gefunden.

Literatur

1. Eggleston, H.G.: Convexity. Cambridge: Cambridge University Press 1958.
2. Fejes Tóth, L.: Reguläre Figuren. Budapest: Akadémiai Kiadó 1965.
3. Jaglom, I.M., Boltjanski, W.G.: Konvexe Figuren. Berlin: Deutscher Verlag der Wissenschaften 1956.
4. Rademacher, H., Toeplitz, O.: Von Zahlen und Figuren. (Heidelberger Taschenbücher Band 50) Berlin-Heidelberg-New York: Springer 1968.

Extremalpunkte konvexer Mengen

K. Jacobs

In den letzten dreißig Jahren ist ein hübscher kleiner Satz, den Minkowski im Rahmen seiner Theorie der konvexen Mengen sozusagen im Vorbeigehen bewiesen hatte ([19], S. 157–161), zu außerordentlicher Bedeutung gelangt. Man hat nämlich entdeckt, daß er sich weit verallgemeinern und dann zur Lösung bedeutender Probleme heranziehen läßt. Es handelt sich um die Aussage, daß sich jede kompakte Menge K im R^n als die konvexe Hülle ihrer sog. Extremalpunkte darstellen läßt; es erscheint also jeder Punkt x von K als konvexe Kombination $x=\alpha_1 x^1+\cdots+\alpha_n x^n$ (mit passenden reellen $\alpha_1,\ldots,\alpha_n \geq 0$, $\alpha_1+\cdots+\alpha_n=1$) gewisser Extremalpunkte (und dies sind gerade die Punkte von K, bei denen in der obigen Darstellung $x^k=x$ für $\alpha_k>0$ gilt, so daß die Darstellung trivial wird); im Grunde war dieser Satz ursprünglich nur eine Verallgemeinerung der Darstellung eines Polyeders als konvexe Hülle seiner Ecken gewesen. Derartige Sätze auf unendlichdimensionale Fälle zu übertragen, war immanent schon mit Hilberts Auffassung der Funktionalanalysis als unendlichdimensionaler Geometrie nahegelegt. In seinem 1928 erschienenen Buch über Gruppentheorie und Quantenmechanik [21] identifizierte H. Weyl (dort auf S. 69) einfache Zustände eines quantenmechanischen Systems mit den Extremalpunkten einer konvexen Menge. Damit fiel auf Minkowskis Satz das Licht einer großen alten Idee: Alle Dinge sind aus unzerlegbaren Bausteinen zusammengesetzt. Die Extremalpunkte sind in gewisser Weise die unzerlegbaren Bausteine der gegebenen konvexen Menge.

1932 bewies S. Bochner den Satz, daß sich jede stetige positiv-definite Funktion $\varphi(t)$ auf der reellen Achse R als Fourier-Transformierte eines endlichen Maßes m auf R darstellen läßt:

$$\varphi(t)=\int_R e^{itu} m(du).$$

Hier erscheinen die in der Fourier-Transformation auftretenden Funktionen als besonders einfache positiv-definite Funktionen von t, aus denen sich $\varphi(t)$ durch eine als Integration mit m über den Parameter u ausgedrückte kontinuierliche Version des konvexen Kombinierens zusammensetzt. Rund 10 Jahre später ordnete sich

Bochners Satz in eine von Gelfand-Raikov [12] und Godement [13] (eine neuere Darstellung findet sich bei Heyer [15]) entwickelte allgemeine Theorie der Zerlegung beliebiger unitärer Darstellungen lokalkompakter Gruppen (bei Bochner handelt es sich um die additive Gruppe R) in irreduzible Darstellungen ein, die sich an einer zentralen Stelle auf eine von Krein-Milman [17] (vgl. besser Bourbaki [4]) bewiesene Verallgemeinerung von Minkowskis Satz stützt. Dieser Satz von Krein-Milman besagt: Ist man damit zufrieden, einen gegebenen Punkt $x \in K$ nicht exakt, sondern nur in beliebig guter Approximation durch konvexe Kombinationen $\alpha_1 x^1 + \cdots + \alpha_n x^n$ von Extremalpunkten von K darstellen zu können (wobei die α_ν und die x^ν mit der Güte der Approximation variieren und sich z. B. in der Anzahl n stark vermehren dürfen), so kann man mit der Voraussetzung, K liege als konvexes Kompaktum in einem beliebigen separierten lokalkonvexen topologischen Vektorraum, auskommen. Diese Erweiterung auf unendlichdimensionale Fälle erlaubt die Einbeziehung verschiedener Funktionenräume in den Geltungsbereich des Satzes. Es lag nun nahe zu fragen, ob man nicht doch die obige Approximation von x durch endliche konvexe Kombinationen durch eine exakte Gleichheit ersetzen kann, wenn man dafür statt endlicher konvexer Kombinationen kontinuierliche Kombinationen, in denen also die endlichen Summen durch Integrale ersetzt werden, einführt. Der Satz von Bochner ist ein Beispiel für eine solche exakte Darstellung. Den ersehnten allgemeinen Satz bewies G. Choquet [6] 1956: Konvex kombinieren heißt einen Schwerpunkt bilden; jeder Punkt eines konvexen Kompaktums K (in einem separierten lokalkonvexen topologischen Vektorraum) ist Schwerpunkt einer Massenverteilung über die Extremalpunkte von K; dabei sind noch gewisse Regularitätsbedingungen zu beachten. Für die zu diesem Satz gehörige allgemeine Theorie vgl. man z. B. Bauer [2], Phelps [20] sowie den Bericht von Choquet [8] und die dort angegebene Literatur. Es liegt natürlich jetzt nahe, einen neuen Beweis des Bochnerschen Satzes mittels des Schwerpunktsatzes von Choquet zu versuchen. Dies gelang zuerst Bucy-Maltese [5] und in vereinfachter Form Choquet [10] (vgl. auch Choquet [9], S. 245f.). Choquets Satz hat inzwischen eine Fülle von Anwendungen gefunden, u. a. in der Potentialtheorie (vgl. Bauer [1]), in der Ergodentheorie (vgl. Jacobs [16]) und in der sog. Rand-Theorie der Markov-Prozesse (vgl. Meyer [18], Föllmer [11]). Minkowskis Satz ist also zum Kristallisationspunkt eines weitreichenden Phänomens geworden.

In diesem Beitrag beginnen wir mit der Definition des Extremalpunkt-Begriffs und einigen einfachen Beispielen (§ 1). In § 2 beweisen wir, gestützt auf den sog. Heiratssatz (vgl. z. B. Selecta Mathematica I): Jede doppelt-stochastische Matrix ist eine konvexe Kombination von Permutationsmatrizen, und die letzteren bilden in der Menge der ersteren die Extremalpunkte. Dieser Spezialfall des Satzes von Minkowski zeigt, worauf es bei dessen Anwendung auf konkrete konvexe Mengen oft ankommt: auf die Kennzeichnung der Extremalpunkte durch Eigenschaften, die mit Konvexität nichts zu tun haben, auf diese Weise neue Informationen vermitteln und damit die Anwendung des Satzes auf ganz andere Gebiete ermöglichen. Im § 3 lernen wir ein weiteres Beispiel dieser Art kennen, diesmal in einem unendlich-dimensionalen Fall; damit hoffen wir, einen typischen Einblick in die Verwendung des Extremalpunktbegriffs in der modernen Funktionalanalysis zu geben. § 4 bringt, nach einigen allgemeinen Vorbereitungen über Stützhyperebenen u. dgl., den Beweis des klassischen Satzes von Minkowski. Wir beschränken uns hier auf den endlichdimensionalen Fall, skizzieren aber anschließend eine Beweismethode, in die man nur noch einige allgemeine Techniken aus der Theorie der topologischen Vektorräume einzufüllen braucht, um den Satz von Krein-Milman in voller Allgemeinheit zu erhalten. Es wäre technisch durchaus möglich, die von Choquet (und später z. B. von Hervé [14]) angewendeten Methoden schon im endlichdimensionalen Falle in typischer Gestalt vorzuführen; ich habe aus Raumgründen darauf verzichtet und möchte den Leser auf Bauer [2], Jacobs [16] und Phelps [20] verweisen.

§ 1. Der Begriff des Extremalpunkts

Sei $H=\{x,y,\ldots\}$ ein reeller linearer Raum, nicht notwendig von endlicher Dimension. Man darf also, wenn man Beispiele wünscht, ebensogut an den R^n wie etwa an den Raum $C(0,1)$ aller stetigen reellen Funktionen auf dem kompakten Einheitsintervall $\langle 0,1\rangle$ denken.

Sind $x, y \in H$, so nennt man Linearkombinationen $z=\alpha x+\beta y$ mit $\alpha, \beta \geq 0$, $\alpha+\beta=1$ *konvexe* Linearkombinationen von x und y. Läßt man α in $\langle 0,1\rangle$ (und damit $\beta=1-\alpha$ ebenfalls in $\langle 0,1\rangle$ variieren, so durchläuft z die *Verbindungsstrecke* von x nach y. Ist $x=y$, so besteht sie aus dem einzigen Punkte x. Ist dagegen $x \neq y$, so liefern verschiedene $\alpha \in \langle 0,1\rangle$ verschiedene z, und zwar x für $\alpha=1$ und y für $\alpha=0$; die für $0<\alpha<1$ entstehenden z werden dann als *innere Punkte* der Verbindungsstrecke von x und y bezeichnet.

Definition 1.1: Sei K eine Teilmenge des reellen linearen Raumes H.

1. K heißt *konvex*, wenn die Verbindungsstrecke von zwei beliebigen Punkten aus K ganz in K enthalten ist, also

$$\alpha x + \beta y \in K \qquad (x, y \in K,\ \alpha, \beta \geq 0,\ \alpha + \beta = 1)$$

gilt.

2. Ein Punkt $z \in K$ heißt ein *Extremalpunkt* der konvexen Menge K (oder *extremal in K*), wenn er nicht innerer Punkt einer ganz in K enthaltenen Verbindungsstrecke zweier verschiedener Punkte sein kann, wenn also aus

$$z = \alpha x + \beta y, \qquad x, y \in K, \qquad 0 < \alpha, \beta < 1, \qquad \alpha + \beta = 1$$

stets $x = y$ folgt.

Der Leser erkennt sicher sofort, daß man 2. auch so fassen kann: $z \in K$ ist genau dann ein Extremalpunkt von K, wenn $K \setminus \{z\}$ immer noch konvex ist. Man sieht dann auch gleich, daß das Weglassen sämtlicher Extremalpunkte aus einer konvexen Menge wieder eine konvexe Menge entstehen läßt.

Extremalität von z in K heißt also, flott ausgedrückt: Steckt man eine Strecke durch z hindurch, so reicht mindestens eines ihrer Enden über K hinaus. Damit sieht man unmittelbar: Die Extremalpunkte einer abgeschlossenen Kreisscheibe bilden gerade deren Peripherie, die Extremalpunkte eines ebenen abgeschlossenen Dreiecks sind gerade seine Ecken, und dasselbe gilt für alle konvexen ebenen Polygone, insbesondere die regelmäßigen n-Ecke. Die Extremalpunkte einer abgeschlossenen Kugel im R^3 sind gerade die Punkte ihrer Oberfläche, die Extremalpunkte eines abgeschlossenen Tetraeders, Würfels, Oktaeders etc. sind gerade seine Ecken im üblichen Sinne.

Bevor wir weitere Beispiele betrachten, beweisen wir, einem allgemeinen Schema folgend, den

Satz 1.2: *Sei H ein reeller linearer Raum. Dann gilt:*

1. *H und $\emptyset$ sind konvex.*

2. *Der Durchschnitt von (endlich oder beliebig vielen) konvexen Teilmengen von H ist wieder eine konvexe Teilmenge von H.*

3. *Ist $M \subseteq H$, so ist der Durchschnitt aller konvexen Mengen K mit $M \subseteq K \subseteq H$ eine konvexe Menge; sie wird als die konvexe Hülle* conv(M) *von M bezeichnet.*

4. *Für jedes $M \subseteq H$ ist*

$$\operatorname{conv}(M) = \{\alpha_1 x^1 + \cdots + \alpha_n x^n \mid n \geq 1,\ x^1, \ldots, x^n \in M,\ \alpha_1, \ldots, \alpha_n \geq 0,\ \alpha_1 + \cdots + \alpha_n = 1\}.$$

Der Beweis geht praktisch genauso wie der Beweis eines bekannten ähnlichen Satzes über lineare Hüllen und sei dem Leser als Übung überlassen.

Die nach den bisherigen Beispielen denkbare Vermutung, die Menge der Extremalpunkte sei stets abgeschlossen im topologischen Sinne, widerlegt das

Beispiel 1.3: Sei

$$H = R^3 = \{x=(x_1, x_2, x_3) \mid x_1, x_2, x_3 \text{ reell}\},$$
$$M = \{x \mid (x_1-1)^2 + x_2^2 = 1, \, x_3 = 0\},$$
$$e^3 = (0,0,1) \quad \text{und} \quad K = \operatorname{conv}(M \cup \{e^3, -e^3\}).$$

Man überlegt sich leicht (Übung!), daß $(M \setminus \{(0,0,0)\}) \cup \{e^3, -e^3\}$ die Menge der Extremalpunkte von K ist. $(0,0,0)$ ist Häufungspunkt dieser Menge, ohne selbst extremal zu sein: $(0,0,0) = \frac{1}{2}(e^3 + (-e^3))$.

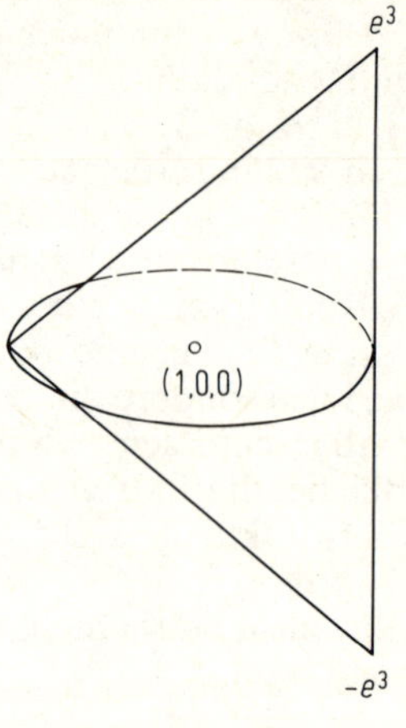

Wir betrachten noch eine Reihe weiterer, relativ einfacher Beispiele für konvexe Mengen und Extremalpunkte.

Beispiel 1.4: Sei $n \geq 1$, $H = R^n = \{x = (x_1, \ldots, x_n) \mid x_1, \ldots, x_n \text{ reell}\}$.

a) Sei L eine Linearform auf H, λ eine reelle Zahl und $H_{L,\lambda} = \{x \mid x \in H, L(x) \geq \lambda\}$. Ist $L = 0$ und $\lambda > 0$, so ist $H_{L,\lambda} = \emptyset$. Ist $L = 0$ und $\lambda \leq 0$, so ist $H_{L,\lambda} = H$. Ist $L \neq 0$, so nennt man $H_{L,\lambda}$ den durch L und λ bestimmten *Halbraum*. In jedem Falle ist $H_{L,\lambda}$ konvex, denn aus $\alpha, \beta \geq 0$, $\alpha + \beta = 1$, $x, y \in H_{L,\lambda}$, also $L(x) \geq \lambda$, $L(y) \geq \lambda$ folgt

$$L(\alpha x + \beta y) = \alpha L(x) + \beta L(y) \geq \alpha \lambda + \beta \lambda = \lambda,$$

also $\alpha x + \beta y \in H_{L,\lambda}$. Man sieht sofort, daß $H_{L,\lambda} \cap H_{-L,-\lambda}$ gerade die Hyperebene $\{x \mid L(x) = \lambda\}$ (kurz: $\{L = \lambda\}$) ist. Keine der Mengen

$H_{L,\lambda}$ hat Extremalpunkte, außer im Falle $n=1$, $L\neq 0$: Dann ist der durch $L(x_\lambda)=\lambda$ eindeutig bestimmte Punkt x_λ der einzige Extremalpunkt der Halbgeraden $H_{L,\lambda}$.

Beispiel 1.5: Sei $H=R^n$. Wir schneiden die n Halbräume $\{x\,|\,x_1\geq 0\},\ldots,\{x\,|\,x_n\geq 0\}$ und die Hyperebene $\{x\,|\,x_1+\cdots+x_n=1\}$ und erhalten die konvexe Menge

$$V=\{p=(p_1,\ldots,p_n)\,|\,p_1,\ldots,p_n\geq 0,\, p_1+\cdots+p_n=1\}.$$

Ihre Elemente werden auch als *Wahrscheinlichkeitsvektoren* bezeichnet, und wegen Wahrscheinlichkeit = probability haben wir anstatt x zur Abwechslung einmal p geschrieben. Ist $p=(p_1,\ldots,p_n)\in V$ und gibt es ein k mit $0<p_k<1$, so kann man noch ein $j\neq k$ mit $0<p_j<1$ finden, denn es ist ja $p_k+\sum_{j\neq k} p_j=1$, also $0<\sum_{j\neq k} p_j<1$. Wir bestimmen $\delta=\min\{p_k, 1-p_k, p_j, 1-p_j\}$ und wissen dann $0\leq p_k-\delta, p_k+\delta, p_j-\delta, p_k+\delta\leq 1$. Die Vektoren

$$x=(p_1,\ldots,p_j-\delta,\ldots,p_k+\delta,\ldots,p_n),$$
$$y=(p_1,\ldots,p_j+\delta,\ldots,p_k-\delta,\ldots,p_n)$$

(wir haben der Einfachheit halber $j<k$ angenommen) gehören also noch immer zu V, und es ist $x\neq y$. Mit $\alpha=\beta=\frac{1}{2}$ erhält man

$$p=\alpha x+\beta y,$$

d. h. p ist ein innerer Punkt der Verbindungsstrecke von x nach y, also kein Extremalpunkt von V. Damit sind die einzigen Kandidaten für Extremalpunkte von V noch die Vektoren $p=(p_1,\ldots,p_n)$ mit $p_k=0$ oder $p_k=1$ $(k=1,\ldots,n)$, d. h. die Einheitsvektoren

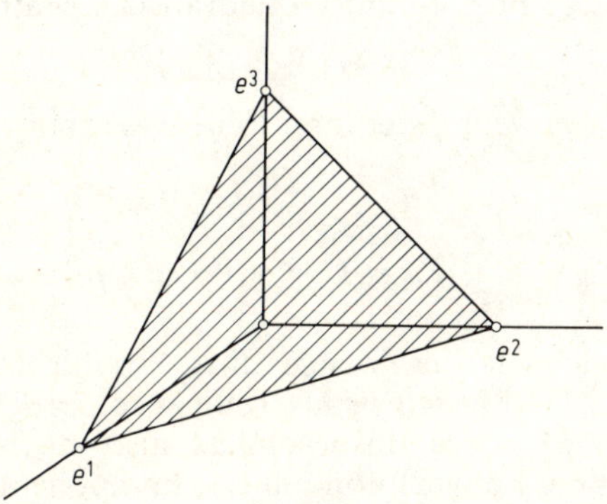

$e^1=(1,0,\ldots,0),\ldots,\ e^n=(0,\ldots,0,1)$. Diese sind nun wirklich Extremalpunkte: aus $x, y\in V,\ 0<\alpha,\beta<1, \alpha+\beta=1$

$$(1,0,\ldots,0)=\alpha x+\beta y$$

also

$$\begin{aligned} 1 &= \alpha x_1+\beta y_1\\ 0 &= \alpha x_2+\beta y_2\\ &\ldots\ldots\ldots\ldots\\ 0 &= \alpha x_n+\beta y_n \end{aligned}$$

folgt, weil alle Summanden ≥ 0 sind, $\alpha x_2=\cdots=\beta y_n=0$, also $x_2=\cdots=x_n=y_2=\cdots=y_n=0$, also $x_1=y_1=1$, d.h. $x=y$. Dies Resultat kommt mit der in Abb. 2 gegebenen Veranschaulichung von V für $n=3$ überein: e^1, e^2, e^3 sind die Ecken des Dreiecks V.

Hiermit schließen wir die Reihe relativ einfacher Beispiele für Extremalpunkte ab. Die nächsten beiden Abschnitte bringen etwas kompliziertere Bestimmungen konkreter Extremalpunkte.

§ 2. Extremale stochastische und doppelt-stochastische Matrizen

In diesem Abschnitt schreiten wir auf dem mit Beispiel 1.5 begonnenen Wege weiter und bestimmen die Extremalpunkte gewisser konvexer Matrizenmengen, die mit der Menge

$$V=\{p=(p_1,\ldots,p_n)\,|\,p_1,\ldots,p_n\geq 0, p_1+\cdots+p_n=1\}$$

aller Wahrscheinlichkeitsvektoren einer festen Komponentenzahl n eng verknüpft sind und in der Wahrscheinlichkeitstheorie der sog. Markov-Ketten eine zentrale Rolle spielen.

Definition 2.1: Eine n-reihige quadratische Matrix

$$P=(P_{jk})_{j,k=1,\ldots,n}$$

heißt *stochastisch*, wenn jeder ihrer Zeilenvektoren zu V gehört, also

$$P_{jk}\geq 0 \qquad (j,k=1,\ldots,n),$$

$$\sum_{k=1}^{n} P_{jk}=1 \qquad (j=1,\ldots,n)$$

gilt. Wir bezeichnen die Menge aller n-reihigen stochastischen Matrizen mit S_n und fassen sie als Teilmenge des R^{n^2} auf. Damit ist klar, wie man Matrizen (insbesondere also stochastische) linear (und insbesondere konvex) kombiniert: komponentenweise.

Faßt man Matrizen als n-Tupel von Zeilenvektoren auf, so kann man die letztere Vorschrift auch so fassen: Matrizen werden zeilenweise linearkombiniert. Bei stochastischen Matrizen liegen die Zeilenvektoren alle in der konvexen Menge V, deren Extremalpunkte wir in Beispiel 1.5 schon bestimmt haben. Es ist nun ein Kinderspiel, diese beiden Informationen zu folgendem Ergebnis zusammenzusetzen: S_n ist eine konvexe Teilmenge des R^{n^2}, und die Extremalpunkte von S_n sind genau diejenigen Matrizen, deren Zeilenvektoren Extremalpunkte von V sind. Letzteres bedeutet: In jeder Zeile steht genau eine Eins und sonst lauter Nullen. Das kann man mit Hilfe des Kronecker-Symbols δ_k^j ($=1$ für $j=k$ und $=0$ für $j \neq k$) auch so schreiben: Zu jedem j gibt es genau ein $\tau(j)$ mit

$$P_{jk} = \delta_k^{\tau(j)} \qquad (j,k=1,\ldots,n). \tag{1}$$

Damit entsprechen den Extremalpunkten von S_n eineindeutig die n^n Abbildungen τ von $\{1,\ldots,n\}$ in sich. S_n hat also genau n^n Extremalpunkte.

Unter diesen n^n Abbildungen von $\{1,\ldots,n\}$ in sich nehmen natürlich diejenigen einen besonderen Platz ein, die eineindeutig, also *Permutationen* von $\{1,\ldots,n\}$ sind. Für eine Permutation τ nennen wir die durch (1) definierte stochastische Matrix P eine *Permutationsmatrix*. Offenbar sind die $n!$ Permutationsmatrizen unter sämtlichen in der Form (1) gegebenen Matrizen dadurch gekennzeichnet, daß nicht nur jede Zeile, sondern auch jede Spalte genau eine Eins und sonst lauter Nullen enthält. Sie fallen damit unter folgende

Definition 2.2: Eine n-reihige quadratische reelle Matrix $P=(P_{jk})_{j,k=1,\ldots,n}$ heißt *doppelt-stochastisch*, wenn sowohl P als auch die Transponierte von P stochastisch ist, wenn also

$$P_{jk} \geq 0 \qquad (j,k=1,\ldots,n),$$

$$\sum_{j=1}^{n} P_{jk} = 1 \qquad (k=1,\ldots,n),$$

$$\sum_{k=1}^{n} P_{jk} = 1 \qquad (j=1,\ldots,n)$$

gilt. Wir bezeichnen die Menge aller doppelt-stochastischen n-reihigen Matrizen mit D_n.

Permutationsmatrizen sind also offenbar doppel-stochastisch. Trivial ist ferner die erste Aussage von

Satz 2.3: *Die Menge aller doppelt-stochastischen n-reihigen Matrizen ist eine konvexe Teilmenge des* R^{n^2}. *Ihre Extremalpunkte sind die Permutationsmatrizen. Sei* $P^{(\tau)}$ *die der Permutation* τ *durch* (1) *zugeordnete Permutationsmatrix und sei ferner* $\tau_1,\ldots,\tau_{n!}$ *eine Durchzählung aller Permutationen von* $\{1,\ldots,n\}$, *so daß also* $P^{(\tau_1)},\ldots,P^{(\tau_{n!})}$ *eine eineindeutige Durchzählung sämtlicher Permutationsmatrizen bildet. Dann gibt es zu jeder doppel-stochastischen Matrix P reelle Zahlen* $\alpha_1,\ldots,\alpha_{n!}\geq 0$ *mit* $\alpha_1+\cdots+\alpha_{n!}=1$, *derart, daß*

(2) $$P=\alpha_1 P^{(\tau_1)}+\cdots+\alpha_{n!} P^{(\tau_{n!})}$$

gilt.

Das Letztere besagt, daß D_n gleich der konvexen Hülle der Menge aller Extremalpunkte von D_n ist, womit wir in einem Spezialfall den später als Satz 5.10 zu beweisenden klassischen Satz von Minkowski vorwegnehmen.

Beweis von Satz 2.3: Wir bemerken zunächst, daß jede Permutationsmatrix ein Extremalpunkt der konvexen Menge D_n ist. Sie ist ja bereits ein Extremalpunkt der D_n umfassenden Menge S_n, wenn es also schon nicht möglich ist, durch eine Permutationsmatrix eine ganz in S_n enthaltene Strecke hindurchzustecken, dann kann man erst recht keine in D_n enthaltene Strecke durch sie legen. Als zweiten Schritt beweisen wir für eine beliebig vorgegebene doppelt-stochastische Matrix P die Existenz einer Darstellung (2). Dies gelingt mit Hilfe eines ziemlich tiefen Beweismittels, des sog. Heiratssatzes (vgl. etwa Selecta Mathematica I). Jedem „Herrn" $j=1,\ldots,n$ ordnen wir die Menge

$$D(j)=\{k\,|\,P_{jk}>0\}$$

seiner „Freundinnen" zu. Hat man $r\leq n$ verschiedene Herren $j_1,\ldots,j_r$, so decken die Spalten mit Indizes aus $D(j)\cup\cdots\cup D(j_r)$ gerade sämtliche Nicht-Nullen aus den Zeilen $j_1,\ldots,j_r$ zu. Wäre die Anzahl dieser Spalten gleich $s<r$, so würden diese s Spalten zusammen mit den $n-r$ von den $j_1,\ldots,j_r$ verschiedenen Zeilen sämtliche Nicht-Nullen in P decken. Da jede Zeilen- und Spalten-Summe in P gleich 1 ist, wäre die Summe aller Elemente von P, die ja als die Summe aller Nicht-Nullen in P erfaßt werden kann, höchstens $s\cdot 1+(n-r)\cdot 1=n+(s-r)<n$. Bestimmt man aber die Summe aller Elemente von P, indem man einfach alle Zeilensummen addiert, so kommt $n\cdot 1=n$ heraus, also ein Widerspruch. Somit ist $s\geq r$, d. h. die r „Herren" haben zusammen mindestens r „Freundinnen". Damit haben wir die bekannte Voraussetzung des Heiratssatzes bestätigt. Indem wir ihn anwenden, erhalten wir eine eineindeutige Abbildung $\tau:\{1,\ldots,n\}\to\{1,\ldots,n\}$, also eine Permutation τ derart, daß stets $\tau(j)$ eine „Freundin" von j ist, also $P_{j,\tau(j)}>0$

gilt. Wir bilden $\alpha = \inf_{1 \leq j \leq n} P_{j,\tau(j)}$. Dann gilt $0 < \alpha \leq 1$ und $\alpha P^{(\tau)}_{jk} \leq P_{jk}$ $(j,k=1,\ldots,n)$, wobei für mindestens ein Indexpaar j,k mit $k=\tau(j)$ Gleichheit eintritt. Gilt $\alpha=1$, so kann, da sowohl bei $P^{(\tau)}$ als auch bei P sämtliche Zeilensummen $=1$ sind, nur $P=P^{(\tau)}$ gelten, und das ist bereits ein besonders einfacher Fall von (2) (mit einem $\alpha_\nu=1$ und sonst lauter verschwindenden Koeffizienten). Ist $\alpha<1$, so ist $Q=\frac{1}{1-\alpha}(P-\alpha P^{(\tau)})$ offenbar wieder eine doppelt-stochastische Matrix, die nun $\beta P^{(\tau)} \leq Q$ nur mehr mit $\beta=0$ gestattet, weil es ja ein j mit $Q_{j,\tau(j)}=0$ gibt. Wenn wir nun Q wieder so bearbeiten wie vorhin P, so kommen wir auf eine neue Permutation $\sigma \neq \tau$ und ein $\beta>0$ derart, daß $\beta P^{(\sigma)}_{jk} \leq Q_{jk}$ $(j,k=1,\ldots,n)$ gilt, wobei wieder mindestens j mit $\beta P^{(\sigma)}_{j,\sigma(j)} = Q_{j,\sigma(j)}$ existiert. Für $\beta=1$ wird $Q=P^{(\sigma)}$, und die auf alle Fälle richtige Darstellung

$$P=\alpha P^{(\tau)}+(1-\alpha)Q$$

wird ein Fall von (2). Ist aber $\beta<1$, so betrachtet man die doppeltstochastische Matrix

$$R=\frac{1}{1-\beta}(Q-\beta P^{(\sigma)})$$

und ist sicher, daß aus $\gamma \geq 0$, $\gamma P^{(\tau)} \leq R$ oder $\gamma P^{(\sigma)} \leq R$ stets $\gamma=0$ folgt. Es gilt

$$R=\alpha P^{(\tau)}+(1-\alpha)\beta P^{(\sigma)}+(1-\alpha)(1-\beta)R.$$

So fährt man, stets neue, noch nicht dagewesene Permutationen hinzugewinnend, fort, bis nach spätestens $n!$ Schritten (2) erreicht ist. Nun müssen wir noch zeigen, daß jeder Extremalpunkt von D_n ein $P^{(\tau)}$ ist. Für ein $P \in D_n$, das kein $P^{(\tau)}$ ist, muß jede Darstellung (2) mindestens zwei Koeffizienten haben, die von 0 verschieden sind. Daraus leitet man nach dem Schema von Beispiel 1.5 sofort einen Widerspruch zur Extremalität von P in D_n her.

§ 3. Extremalpunkte konvexer Mengen von Linearformen

Die bisher behandelten Beispiele von Extremalpunkten legen alle einen endlichdimensionalen linearen Raum zugrunde. Schon der normale Spieltrieb des Mathematikers wäre Grund genug, sich nun auch an die Untersuchung unendlich-dimensionaler Fälle zu machen. Es gibt dafür aber ein viel ernsteres Motiv: Die Übertragung geometrischer Ideen aus dem Endlich-Dimensionalen ins

Unendlich-Dimensionale hat sich seit Hilbert als eines der wirksamsten Hilfsmittel zur Lösung von Problemen der Funktionalanalysis erwiesen. Die dabei auftretenden Räume sind meistens lineare Räume von Funktionen auf einem festen Definitionsbereich. Mit den folgenden Beispielen tun wir also einen Schritt in jenen Bereich, in dem die Anwendung von Extremalpunkt-Methoden durch Gelfand, Raikov, Choquet u. a. in den letzten drei Jahrzehnten Triumphe gefeiert hat. Wir erhalten dabei Einblick in ein grundlegendes Verfahren der Mathematik dieses Jahrhunderts: Scheinbar ganz verschiedenartige Gegenstände werden identifiziert und machen dabei ihre zunächst getrennt entwickelten „Privatmethoden" zur gemeinsamen Sache.

Der technischen Einfachheit halber arbeiten wir im folgenden mit Funktionen auf dem Einheitsintervall $\langle 0,1\rangle$ (abgeschlossen) bzw. $(0,1)$ (offen). Dabei treten einige Grundideen in typischer Gestalt hervor. Bei den wichtigsten Anwendungen — wir haben in der Einleitung einige besprochen — muß man $\langle 0,1\rangle$ durch passende kompakte und $(0,1)$ durch passende lokalkompakte topologische Räume ersetzen und dabei unter Umständen auch die Konvexitätsstruktur von $\langle 0,1\rangle$ bzw. $(0,1)$ mit übertragen.

Sei $C(0,1)=\{f,g,\ldots\}$ der reelle lineare Raum aller reellen stetigen Funktionen auf dem kompakten Einheitsintervall $\langle 0,1\rangle$, und $H=C(0,1)^*$ sein sog. Dualraum, also der reelle lineare Raum aller Linearformen auf $C(0,1)$. Wir erinnern: Eine reelle Funktion L auf H heißt eine Linearform, wenn $L(\alpha f+\beta g)=\alpha L(f)+\beta L(g)$ für beliebige $f,g\in H$ und beliebige reelle Konstanten α, β gilt.

Es wird den Leser sicher nicht stören, wenn wir die Vektoren dieses speziellen Raumes H jetzt einmal nicht mit $x,y,\ldots$, sondern mit den von anderswoher motivierten oder üblichen Symbolen wie $m, \delta_{t_0}, R_\rho,\ldots$ bezeichnen. Wir treffen unter ihnen z. B. einen alten Bekannten aus der Anfängervorlesung, nämlich das Riemann-Integral: Durch

$$R(f)=\int_0^1 f(t)\,dt \qquad (f\in C(0,1))$$

ist offenbar eine Linearform R auf $C(0,1)$ (und jeder weiß, wie man den hier gewählten Definitionsbereich $C(0,1)$ zu der etwas größeren Klasse aller Riemann-integrablen Funktionen erweitern könnte) erklärt. Das Riemann-Integral verschafft uns gleich noch eine ganze Reihe weiterer Vektoren aus H: Ist $\varrho\in C(0,1)$, so ist durch

$$R_\rho(f)=\int_0^1 f(t)\varrho(t)\,dt \qquad (f\in C(0,1))$$

eine Linearform R_ρ auf $C(0,1)$, also ein $R_\rho\in H$ erklärt; für $\varrho\equiv 0$ ist es die Form 0, für $\varrho\equiv 1$ kommt wieder das Riemann-Integral von vorhin heraus: $R_1 = R$. Eine ganz andersartige Serie von Beispielen erhält man so: Sei $t_0 \in \langle 0,1 \rangle$ fest gewählt; dann ist durch

$$\delta_{t_0}(f) = f(t_0) \qquad (f \in C(0,1))$$

eine Linearform δ_{t_0} auf $C(0,1)$, also ein $\delta_{t_0} \in H$ erklärt. Durch Linearkombination erhält man Linearformen der Gestalt

$$m(f) = \sum_{k=1}^{n} \alpha_k f(t_k),$$

unter denen man z. B. die Riemannschen Näherungssummen (mit den α_k als Intervallängen aus einer Unterteilung von $\langle 0,1 \rangle$) wiederfindet. Man überlegt sich übungshalber leicht, daß beide Beispielreihen nur die Form 0 gemeinsam haben. Andererseits bietet die Theorie der Stieltjes-Integrale eine Möglichkeit, beide Serien unter einen (in diesem Falle ziemlich alten) Hut zu bringen. Leser, die etwas moderne Maß- und Integrationstheorie können, werden sich hier auf eine bekannte Fährte gesetzt fühlen. Unsere obigen Beispiele sind spezielle Beispiele von Maßen bzw. Ladungsverteilungen in $\langle 0,1 \rangle$, wobei R_ρ aus dem sog. Lebesgue-Maß durch Hinzufügen einer Dichte ϱ entsteht und δ_{t_0} als in t_0 konzentrierte Punktmasse 1 auftritt. δ_{t_0} ist übrigens zu dem von Physikern als Dirac-Funktion bezeichneten mathematischen Gebilde äquivalent. Alles was wir in diesem Abschnitt tun, ordnet sich in die Maß- und Integrationstheorie auf kompakten und lokalkompakten topologischen Räumen ein.

Eine Linearform $m \in H$ heißt *positiv*, wenn aus $f \geq 0$ stets $m(f) \geq 0$ folgt; aus $f \geq g$ folgt dann $f - g \geq 0$, also $m(f) - m(g) = m(f-g) > 0$, d. h. $m(f) \geq m(g)$, d. h. positive $m \in H$ sind anordnungstreu. Eine Linearform $m \in H$ heißt *normiert*, wenn $m(1) = 1$ gilt. Die Menge aller positiven normierten Linearformen $m \in H$ bezeichnen wir mit V. Sie ist eine konvexe Teilmenge von H: Aus $m', m'' \in V$, $\alpha', \alpha'' \geq 0$, $\alpha' + \alpha'' = 1$ folgt für $m = \alpha' m' + \alpha'' m''$:

a) m ist eine Linearform auf $C(0,1)$, also ein Element von H.

b) m ist positiv: Aus $0 \leq f \in C(0,1)$ folgt

$$m(f) = \alpha' m'(f) + \alpha'' m''(f) \geq 0.$$

c) m ist normiert:

$$m(1) = \alpha' m'(1) + \alpha'' m''(1) = \alpha' \cdot 1 + \alpha'' \cdot 1 = 1$$

also $m \in V$. Wir wollen die Extremalpunkte von V bestimmen.

Dem Leser wird die Ähnlichkeit dieses V zu dem V aus Beispiel 1.5 auffallen. In der Tat ist Beispiel 1.5 für das endliche Kompaktum $\{1, \ldots, n\}$ genau dasselbe wie unser gegenwärtiges Beispiel für das

Kompaktum $\langle 0,1\rangle$, wenn man den R^n in Beispiel 1.5 als seinen eigenen Dualraum interpretiert. Die Vektoren $e^1=(1,0,\ldots,0),\ldots,$ $e^n=(0,\ldots,0,1)$ entsprechen dabei den δ_{t_0} von vorhin. Unser nächster Satz enthält nun u.a. das, was man bei dieser Analogie erwarten möchte.

Satz 3.1: *Die Menge* $V\subseteq C(0,1)^*$ *aller positiven normierten Linearformen auf* $C(0,1)$ *ist konvex. Für jedes* $m\in V$ *sind folgende Aussagen äquivalent:*

1. *m ist ein Extremalpunkt von V.*
2. *m ist multiplikativ:*

(1) $$m(f\cdot g)=m(f)\cdot m(g) \qquad (f,g\in C(0,1)).$$

3. *Es gibt ein t_0 mit $0\le t_0\le 1$ und*

$$m=\delta_{t_0}.$$

Beweis: Daß V konvex ist, wissen wir schon. Wir beweisen jetzt die Äquivalenz von 1. – 3.:

1.$\Rightarrow$2. – Sei m extremal in V. Es genügt, (1) für den Fall $f,g>0$ zu beweisen, denn sind dann $f,g\in C(0,1)$ beliebig, so kann man Darstellungen $f=f_+-f_-$, $g=g_+-g_-$ mit $0\le f_+,f_-,g_+,$ $g_-\in C(0,1)$ finden und erhält trivialerweise

$$\begin{aligned}
m(f\cdot g) &= m(f_+g_+-f_+g_--f_-g_++f_-g_-)\\
&= m(f_+g_+)-m(f_+g_-)-m(f_-g_+)+m(f_-g_-)\\
&= m(f_+)m(g_+)-m(f_+)m(g_-)-m(f_-)m(g_+)+m(f_-)m(g_-)\\
&= \big(m(f_+)-m(f_-)\big)\cdot\big(m(g_+)-m(g_-)\big)\\
&= m(f_+-f_-)m(g_+-g_-)\\
&= m(f)\cdot m(g).
\end{aligned}$$

Ferner kann man sich (durch Anbringen konstanter positiver Faktoren) auf den Fall $0\le g\le 1$ beschränken. Dann ist $0\le m(g)\le 1$ und $0\le f\cdot g\le f$, also $0\le m(f\cdot g)\le m(f)$ $(0\le f\in C(0,1))$, und man sieht sofort, daß durch

$$\left.\begin{aligned}
m'(f) &= m(f)\cdot(1-m(g))+m(f\cdot g)\\
m''(f) &= m(f)\cdot(1+m(g))-m(f\cdot g)
\end{aligned}\right\}\qquad (f\in C(0,1))$$

zwei Linearformen $m',m''\in V$ (Übung!) erklärt sind, die

$$m=\tfrac{1}{2}(m'+m'')$$

erfüllen. Aus der Extremalität von m in V folgt nun $m=m'=m''$, also z. B.

$$m(f)=m(f)\cdot(1-m(g))+m(f\cdot g),$$

d. h. aber gerade (1).

2.$\Rightarrow$3. – Sei $m\in V$ multiplikativ. Ein Punkt $t\in\langle 0,1\rangle$ heiße

a) ein *Leerpunkt* von m, wenn es ein $0\leq f\in C(0,1)$ mit $f(t)>0$ und $m(f)=0$ gibt;

b) ein *Träger-Punkt* von m, wenn t kein Leer-Punkt von m ist, wenn also aus $0\leq f\in C(0,1), f(t)>0$ stets $m(f)>0$ folgt.

Wir zeigen

c) nicht alle Punkte $t\in\langle 0,1\rangle$ sind Leer-Punkte von m.

Sonst könnte man zu jedem $t\in\langle 0,1\rangle$ ein f_t mit $0\leq f_t$ $(t\in C(0,1))$, $m(f_t)=0$ und $f_t(t)>0$, also – nach Multiplikation mit einer passenden positiven Konstanten – o. B. d. A. $f_t(t)>1$ gewinnen. Jede der Mengen $U_t=\{s\,|\,f_t(s)>1\}$ wäre dann offen und nichtleer, man hätte nämlich $t\in U_t$ $(0\leq t\leq 1)$. Damit erhielten wir eine offene Überdeckung der $\langle 0,1\rangle=\bigcup\limits_t U_t$ des Kompaktums $\langle 0,1\rangle$ und könnten zu einer endlichen Teil-Überdeckung übergehen, also $t_1,\dots,t_n$ so bestimmen, daß $U_{t_1}\cup\cdots\cup U_{t_n}=\langle 0,1\rangle$, also bestimmt $1\leq f_{t_1}+\cdots+f_{t_n}$ gilt. Damit käme

$$\begin{aligned}1=m(1)&\leq m(f_{t_1}+\cdots+f_{t_n})\\&=m(f_{t_1})+\cdots+m(f_{t_n})=0,\end{aligned}$$

einen Widerspruch. Es gibt also mindestens einen Träger-Punkt von m. Aus der Multiplikativität von m folgt nun

d) m hat genau einen Träger-Punkt. Wären nämlich t_1, t_2 zwei verschiedene Träger-Punkte von m, so könnte man zwei Funktionen f_1, f_2 mit $0\leq f_1, f_2\in C(0,1), f_1(t_1)>0, f_2(t_2)>0$ und $f_1\cdot f_2\equiv 0$ finden (man betrachte hinreichend schmale „Hütchen" bei t_1 und t_2).

Es folgt $m(f_1)\neq 0\neq m(f_1)$, also

$$0\neq m(f_1)\cdot m(f_2)=m(f_1\cdot f_2)=m(0)=0,$$

ein Widerspruch. Schließlich folgt

e) Hat m genau einen Träger-Punkt t_0, so ist $m=\delta_{t_0}$.

Verschwindet $f\in C(0,1)$ in einer offenen Umgebung U von t_0, so decke man das Kompaktum $\langle 0,1\rangle\backslash U$ mit endlich vielen U_t aus c) zu, um als Summe der betreffenden f_t ein g mit $0\leq g\in C(0,1)$, $g(s)\geq 1$ $(s\notin U)$ und $m(g)=0$ zu erhalten. Ist $\alpha>0$ eine konstante Majorante von f, so folgt $f\leq\alpha g$ und damit $m(f)\leq m(\alpha g)$ $=\alpha m(g)=0$. Wendet man dieselbe Betrachtung auf $-f$, an, so folgt $m(-f)\leq 0$, und wir erreichen $m(f)=0$. Ist $f(t_0)=0$, so konstruiert man leicht eine gleichmäßig gegen f konvergente Folge $f_1, f_2,\dots$ derart, daß jedes f_k in einer ganzen Umgebung von t_0 verschwindet (Übung!). Aus $f_k-f\leq\varepsilon$ folgt $m(f_k)-m(f)=m(f_k-f)$

$\leq m(\varepsilon \cdot 1) = \varepsilon \cdot m(1) = \varepsilon$, und genau so $m(f) - m(f_k) \leq \varepsilon$, also bekommen wir $0 = m(f_k) \to m(f)$, also $m(f) = 0$. Ist nun $f \in C(0,1)$, $f(t_0) = \alpha$, so ist $f - \alpha \cdot 1$ eine in t_0 verschwindende stetige Funktion, also $0 = m(f - \alpha \cdot 1) = m(f) - \alpha \cdot m(1) = m(f) - \alpha$, d. h.

$$m(f) = \alpha = \delta_{t_0}(f),$$

wie behauptet.

3. $\Rightarrow$ 1. – Sei $m = \delta_{t_0}$ und $m = \alpha' m' + \alpha'' m''$ mit $m', m'' \in V$, $0 < \alpha'$, $\alpha'' < 1$, $\alpha' + \alpha'' = 1$. Ist $0 \leq f \in C(0,1)$ und $f(t_0) = 0$, so folgt

$$0 = \delta_{t_0}(f) = \alpha' m'(f) + \alpha'' m''(f).$$

Da rechts lauter nichtnegative Größen stehen, bleibt nur $m'(f) = 0 = m''(f)$ möglich. Wie wir vorhin gesehen haben, impliziert dies $m' = \delta_{t_0} = m''$, also ist δ_{t_0} ein Extremalpunkt von V.

Eine der Merkwürdigkeiten dieses Satzes ist die Identifizierung der Punkte von $\langle 0,1 \rangle$ mit den Extremalpunkten der ja aus $\langle 0,1 \rangle$ auf einem ziemlich langen Wege gebildeten Menge V. Dabei würde ich sagen: Es war leicht, die δ_{t_0} als Extremalpunkte von V zu erkennen, d. h. $\langle 0,1 \rangle$ in die Menge der Extremalpunkte von V *einzubetten*. Die eigentliche Leistung unseres Beweises war die Einsicht, daß man auf diese Weise *alle* Extremalpunkte von V erhält. Nun gibt es eine in der Mathematik an den verschiedensten Stellen in verschiedener Gestalt immer wieder auftretende Aufgabe: einen gegebenen Bereich in einen größeren (und oft in gewisser Hinsicht bequemeren) Bereich einzubetten: die rationalen Zahlen in die reellen Zahlen, die komplexen Zahlen in die Zahlenkugel, einen lokalkompakten topologischen Raum in seine Ein-Punkt-Kompaktifizierung etc. Es hat sich in manchen Fällen als fruchtbar erwiesen, diesen größeren Bereich als den Bereich aller Extremalpunkte einer passenden, auf dem Wege über einen Funktionenraum zu dem ursprünglichen Bereich konstruierten konvexen Menge à la V zu konstruieren.

Wir wollen das Funktionieren dieser Idee an einem ganz einfachen Spezialfall kennenlernen, der bei etwas vollerer Durchführung auf die sog. Ein-Punkt-Kompaktifizierung des offenen Einheitsintervalls $(0,1)$ hinausliefe. An Stelle des Kompaktums $\langle 0,1 \rangle$ betrachten wir also jetzt das offene Intervall $(0,1)$; der wichtigste Schritt ist die Wahl des für unseren Zweck geeigneten Funktionenraums. Wir bezeichnen mit $C((0,1))$ den Raum aller stetigen reellen Funktionen auf $(0,1)$, die einen „Limes am Ende" besitzen; damit meinen wir die Existenz einer reellen Zahl, die wir mit $f(\infty)$ bezeichnen wollen, derart, daß es zu jedem $\varepsilon > 0$ eine kompakte Teilmenge M von $(0,1)$ mit

$$|f(x) - f(\infty)| < \varepsilon \qquad (x \in (0,1) \setminus M)$$

gibt. Biegt man das Intervall $(0,1)$ zum Kreise und klebt das verbleibende Loch mit einem Punkte „∞“ zu, so erscheint jede Funktion $f \in C((0,1))$ als Einschränkung einer stetigen Funktion auf dem Kreise auf den durch Wegnehmen von „∞“ verbleibenden offenen Rest, und zwar ist diese Entsprechung zwischen den beiden in Rede stehenden Funktionenklassen bijektiv (umkehrbar eindeutig). Wir wollen nun sehen, wie wir den „idealen Punkt ∞“ auch als Extremalpunkt einer gewissen konvexen Menge hätten bekommen können. Wir konstruieren die letztere als die Menge W aller positiven normierten Linearformen m auf $C((0,1))$, wobei „positiv“ wieder $m(f) \geq 0$ $(0 \leq f \in C((0,1)))$ und „normiert“ wieder $m(1)=1$ (die Konstante 1 gehört natürlich zu $C((0,1))$) bedeutet. Wörtlich wie im Beweis von Satz 3.1 zeigt man, daß jeder Extremalpunkt in W multiplikativ ist. Bei der Bestimmung der multiplikativen Funktionale auf $C((0,1))$ führen wir wieder den Begriff des Leer-Punkts und des Träger-Punkts eines $m \in W$ wörtlich wie damals ein. Im Gegensatz zu der in Satz 3.1 behandelten Situation finden wir jetzt in $\delta_\infty : f \to f(\infty)$ sofort ein multiplikatives $\delta_\infty \in W$, das keinen Träger-Punkt besitzt. Aus der Tatsache, daß jedes $m \in W$, das ebenfalls diese Eigenschaften besitzt, das Verhalten von $m(f)$ nur vom Verhalten von f außerhalb kompakter Mengen $M \subseteq (0,1)$ abhängt, schließt man leicht, daß $m=\delta_\infty$ das *einzige* multiplikative Element von W ohne Träger-Punkte ist. Für die multiplikativen $m \in W$ mit Träger-Punkten findet man genau wie früher die Identifikation mit den δ_t $(0<t<1)$. Da alle δ_t mit $0<t<1$ und auch δ_∞ leicht als Extremalpunkte von W zu erkennen sind, haben wir gefunden: Die Punkte von $(0,1)$ sind in natürlicher Weise mit Extremalpunkten von W zu identifizieren; dabei treten alle Extremalpunkte von W auf, mit einer einzigen Ausnahme, die wir mit δ_∞ bezeichnet haben. Um von diesem Ergebnis zur vollen Ein-Punkt-Kompaktifizierung von $(0,1)$ zu gelangen, muß man noch einige (nicht allzu schwierige) topologische Betrachtungen hinzufügen.

§ 4. Der Extremalpunktsatz von Minkowski

Satz 2.3 und sein Beweis hatten uns gezeigt, wie man einen Punkt einer sehr speziellen konvexen Menge als konvexe Kombination von Extremalpunkten dieser Menge darstellen kann. Jenes spezielle Beispiel illustriert ein allgemeines von Minkowski entdecktes Phänomen: Jede konvexe kompakte Menge im R^n ist die konvexe Hülle der Menge ihrer Extremalpunkte.

In diesem Abschnitt wollen wir einen Beweis für diesen Satz von Minkowski und anschließend einen Beweis für eine etwas schwächere Aussage geben, der sich durch relativ einfache technische Zusatzüberlegungen auf den unendlichdimensionalen Fall übertragen läßt und dann den sog. Extremalpunkt von Krein-Milman liefert.

Zunächst stellen wir einige allgemeine Hilfsmittel aus der Theorie der konvexen Mengen zusammen.

1. Stützhyperebenen und Wände

Ist H ein linearer Raum und L eine nicht identisch verschwindende Linearform auf H, so nennt man für jeden Skalar α die Menge

$$\{L=\alpha\} = \{x \mid x \in H, L(x)=\alpha\}$$

die durch L und α bestimmte *Hyperebene* in H. Im weiteren beschränken wir uns auf reelle lineare Räume. Dann nennt man

$$\{L \geq \alpha\} = \{x \mid x \in H, L(x) \geq \alpha\},$$
$$\{L \leq \alpha\} = \{x \mid x \in H, L(x) \leq \alpha\}$$

die beiden zu der obigen Hyperebene gehörigen *abgeschlossenen Halbräume*. Sie sind leicht als konvex zu erkennen; beispielsweise impliziert

$$L(x) \geq \alpha, \quad L(y) \geq \alpha, \quad \beta, \gamma \geq 0, \quad \beta + \gamma = 1$$

stets

$$L(\beta x + \gamma y) = \beta L(x) + \gamma L(y) \geq \beta \alpha + \gamma \alpha = \alpha.$$

Ebenso beweist man die Konvexität der beiden zu der erwähnten Hyperebene gehörigen *offenen Halbräume*

$$\{L > \alpha\} = \{x \mid x \in H, L(x) > \alpha\},$$
$$\{L < \alpha\} = \{x \mid x \in H, L(x) < \alpha\}.$$

Sie füllen zusammen mit der Hyperebene selbst den ganzen Raum H disjunkt aus.

Sind $x, y \in H$, so sagt man,

1. x und y werden von der Hyperebene $\{L=\alpha\}$ *getrennt*, wenn

$$L(x) \geq \alpha \quad \text{und} \quad L(y) \leq \alpha$$

oder

$$L(x) \leq \alpha \quad \text{und} \quad L(y) \geq \alpha$$

gilt, d. h. wenn x in dem einen und y in dem anderen der beiden abgeschlossenen Halbräume $\{L \geq \alpha\}$, $\{L \leq \alpha\}$ liegt.

2. x und y werden von der Hyperebene $\{L=\alpha\}$ *strikt getrennt*, wenn

$$L(x)>\alpha \quad \text{und} \quad L(y)<\alpha$$

oder

$$L(x)<\alpha \quad \text{und} \quad L(y)>\alpha$$

gilt, d. h. wenn x und y in verschiedenen von den beiden offenen Halbräumen $\{L>\alpha\}$, $\{L<\alpha\}$ liegen.

Definition 4.1: Sei K eine konvexe Teilmenge des reellen linearen Raumes H.

1. Die Hyperebene $\{L=\alpha\}$ heißt eine *Stützhyperebene an K in $x \in K$*, wenn sie K und x trennt (was insbesondere $x \in \{L=\alpha\}$ impliziert).

2. Eine nichtleere Teilmenge von W von K heißt eine *Wand* von K, wenn sie

a) konvex ist und

b) jede in K enthaltene Verbindungsstrecke zweier verschiedener Punkte, die einen ihrer inneren Punkte mit W gemein hat, ganz in W enthalten ist.

Offenbar sind die Extremalpunkte von K gerade die einpunktigen Wände von K.

Satz 4.2: *Sei W eine Wand der konvexen Menge K. Dann ist jeder Extremalpunkt von W auch ein Extremalpunkt von K und jede Wand von W auch eine Wand von K („Wand von Wand ist Wand“).*

Das erstere beweist man so: Eine den Extremalpunkt x von W als inneren Punkt enthaltende Strecke in K muß ganz in W enthalten sein, also schon dort der Extremalität von x widersprechen. Die zweite Aussage folgt einfach durch zweimalige Anwendung der Definition des Wand-Begriffs.

Wie kommt man nun zu Wänden einer gegebenen konvexen Menge K? Natürlich ist K im Falle $K \neq \emptyset$ selbst eine Wand von K; wenn man aber schließlich zu einpunktigen Wänden absteigen will, ist man daran interessiert, Wände zu finden, die kleiner sind als K. Einen Hinweis gibt der

Satz 4.3: *Der Durchschnitt W einer konvexen Menge K mit einer Stützhyperebene an K ist stets eine Wand von K.*

Beweis: Die Verbindungsstrecke der voneinander verschiedenen Punkte $x, y \in K$ habe den inneren Punkt $z=\alpha x+(1-\alpha)y$, für ein $0<\alpha<1$, mit W, also mit der betrachteten Stütz-Hyperebene $\{L=\beta\}$ gemein. Es sei etwa $L(u) \leq \beta$ $(u \in K)$. Aus $L(x) \leq \beta$, $L(y) \leq \beta$

und $L(z)=\beta$, $L(z)=\alpha L(x)+(1-\alpha)L(y)$, $0<\alpha<1$ folgt nun $L(x)=\beta=L(y)$, also $x, y\in K\cap\{L=\beta\}=W$.

Natürlich werden wir es jetzt darauf anlegen, Stützhyperebenen zu finden, die K nicht ganz enthalten.

Im folgenden beschränken wir uns nun auf endlichdimensionale reelle lineare Räume H. Jeder solcher Raum ist linear-isomorph zu einem R^n mit durch H eindeutig bestimmter Dimension n. Jede solche Isomorphie gestattet, die übliche Topologie der komponentenweisen Konvergenz von R^n nach H zu übertragen. Da der Übergang von einer solchen Isomorphie zu einer anderen lediglich im Anfügen einer nichtsingulären linearen Abbildung des R^n auf sich besteht, eine solche aber (wie man aus ihrer Darstellung mittels einer Matrix und deren Inverser sofort sieht) umkehrbar stetig ist, entsteht für jede Isomorphie $H\to R^n$ dieselbe Topologie in H. Auf diese Topologie beziehen sich alle topologischen Aussagen, die wir im folgenden in bezug auf H machen.

Zur Übung kann man sich folgendes überlegen: Jede Linearform L auf H ist stetig; die durch eine Hyperebene bestimmten offenen Halbräume in H sind wirklich offene Mengen im Sinne unserer Topologie und verdienen somit ihre Beinamen; genau dasselbe gilt für die abgeschlossenen Halbräume; eine Hyperebene ist stets abgeschlossen; jeder ihrer Punkte ist Häufungspunkt eines jeden der beiden zugehörigen offenen Halbräume; folglich hat eine konvexe Menge K mit jeder ihrer Stützhyperebenen nur topologische Randpunkte von K gemein.

Von grundlegender Bedeutung für die Theorie der konvexen Mengen ist der folgende

Satz 4.4: *Sei H ein endlich-dimensionaler reeller linearer Raum und K eine abgeschlossene konvexe Teilmenge von H.*

1. *Ist $x\in H\setminus K$, so gibt es mindestens eine Hyperebene $\{L=\alpha\}$, die x und K strikt trennt.*

2. *Ist x ein Randpunkt von K, so gibt es mindestens einen Stütz-Hyperebene an K in x.*

3. *Jeder Extremalpunkt von K ist ein Randpunkt von K.*

Beweis: 1. a) Die Aussagen 1. und 2. des Satzes sind affingeometrischer Natur, und es gibt auch einen Beweis, der mit rein affingeometrischen Mitteln arbeitet (vgl. z. B. Bourbaki [3], Ch. II, § 3). Er ist aber technisch komplizierter als der folgende, der eine dem Raum H künstlich aufgeprägte euklidische Struktur verwendet.

b) Wir setzen also voraus, es gäbe in H ein Skalarprodukt, das jedem geordneten Paar y, z von Vektoren aus H eine reelle Zahl (y, z) zuordnet, derart, daß die üblichen Axiome (Symmetrie, Bilinearität, strikte Positiv-Definitheit) gelten; man kann dies immer erreichen, indem man in H eine beliebige Basis $e^1,\dots,e^n$ wählt und dann für $y=\alpha_1 e^1+\cdots+\alpha_n e^n$, $z=\beta_1 e^1+\cdots+\beta_n e^n$ das Skalarprodukt durch $(y,z)=\alpha_1\beta_1+\cdots+\alpha_n\beta_n$ definiert; hierbei benützen wir die Annahme, H sei von endlicher Dimension, wesentlich.

c) Bekanntlich ist durch $\|y\|={}_+\sqrt{(y,y)}$ eine Norm in H definiert, und aus $\|y\|^2=\alpha_1^2+\cdots+\alpha_n^2$ $(y=\alpha_1 e^1+\cdots+\alpha_n e^n)$ liest man leicht ab, daß diese Norm gerade die von uns vorhin eingeführte Topologie beschreibt: Sind $y^{(k)}=\alpha_1^{(k)} e^1+\cdots+\alpha_n^{(k)} e^n$ $(k=1,2,\dots)$, $y=\alpha_1 e^1+\cdots+\alpha_n e^n$, so ist $\lim\limits_{k\to\infty}\|y^{(k)}-y\|=0$ mit $\lim\limits_{k}\alpha_\nu^{(k)}=\alpha_\nu$ $(\nu=1,\dots,n)$ gleichbedeutend. – Aus der Definition der Norm errechnet man sofort die Identität

$$\left\|\frac{y+z}{2}\right\|^2=\frac{\|y\|^2+\|z\|^2}{2}-\frac{\|y-z\|^2}{4},$$

aus der man abliest: Haben y und z denselben Norm-Wert a, so hat der Mittelpunkt $\dfrac{y+z}{2}$ ihrer Verbindungsstrecke genau dann eine Norm $<a$, wenn y und z verschieden sind. In mehr quantitativer Form können wir sagen: Zu jedem $a\geq 0$ und jedem $\varepsilon>0$ gibt es ein $\delta>0$, derart, daß $\|y\|\leq a+\delta$, $\|z\|\leq a+\delta$, $\left\|\dfrac{y+z}{2}\right\|\geq a$ stets $\|y-z\|<\varepsilon$ impliziert. –

d) Wir fassen jetzt die konvexe abgeschlossene Menge K und den Punkt $x\notin K$ ins Auge und setzen

$$a=\inf_{z\in K}\|z-x\|.$$

Wäre $a=0$, so gäbe es eine Folge $z^1,z^2,\dots\in K$ mit $\|z^k-x\|\to 0$, d.h. x wäre ein Häufungspunkt von K und müßte also wegen der Abgeschlossenheit von K zu K gehören. Dies ist ein Widerspruch, und wir können nunmehr von $a>0$ ausgehen. Jedenfalls gibt es eine Folge $z^1,z^2,\dots\in K$ mit $\|z^k-x\|\to a$. Mit Hilfe unserer Identität können wir weitergehen: wegen $z^j,z^k\in K$ ist stets $\frac{1}{2}(z^j+z^k)\in K$, also $\|\frac{1}{2}((z^j-x)+(z^k-x))\|=\|\frac{1}{2}(z^j+z^k)-x\|\geq a$. Damit kommt

$$\begin{aligned}\tfrac{1}{4}\|z^j-z^k\|^2&=\tfrac{1}{4}\|(z^j-x)-(z^k-x)\|^2\\&=\frac{\|z^j-x\|^2+\|z^k-x\|^2}{2}-\|\tfrac{1}{2}((z^j-x)+(z^k-x))\|^2\\&\leq\tfrac{1}{2}(\|z^j-x\|^2+\|z^k-x\|^2)-a^2\to 0\quad (j,k\to\infty),\end{aligned}$$

d.h. die Folge $z^1,z^2,\dots\in K$ ist eine Fundamentalfolge. Sie konvergiert also gegen ein $z\in H$, das wegen der Abgeschlossenheit von K

in K liegt, also $\|z-x\| \geq a$, andererseits aber auch $\|z-x\| \leq \|z^k - x\| + \|z-z^k\|$, also $(k \to \infty)$ $\|z-x\| \leq a$ erfüllt. Es gibt also in K mindestens ein z, dessen Norm-Abstand $\|z-x\|$ von x den Minimalwert a annimmt. Gäbe es noch ein von z verschiedenes z' mit derselben Eigenschaft, so wäre $\frac{1}{2}(z+z') \in K$, hätte also nach unsrer Identität einen Norm-Abstand $< a$ von x, was nicht geht. Also ist der „Minimalpunkt" z in K eindeutig bestimmt. Anschaulich gesprochen werden wir jetzt die gewünschte, K und x strikt trennende Hyperebene $\{L=\alpha\}$ als die Mittelsenkrechte auf die Verbindungsstrecke von x und z konstruieren:

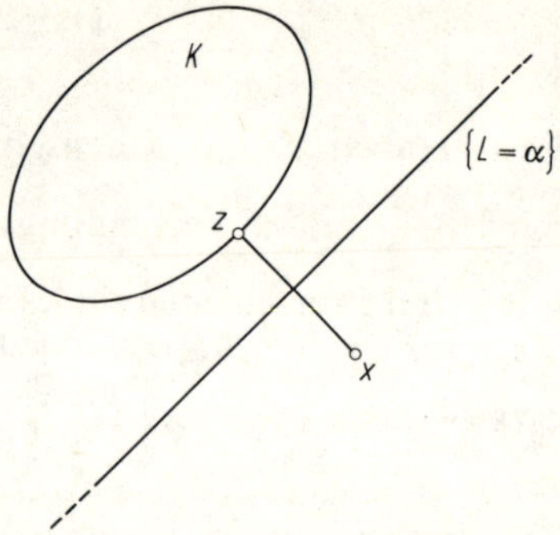

Um diesen Gedanken zu realisieren, definieren wir die Linearform L durch $L(y) = (y, z-x)$ und die Konstante α durch $\alpha = L(\frac{1}{2}(x+z)) = (\frac{1}{2}(x+z), z-x)$. Dann kommt

$$L(x) = L(\tfrac{1}{2}(x+z) + \tfrac{1}{2}(x-z)) = \alpha + \tfrac{1}{2}(x-z, z-x)$$
$$= \alpha - \tfrac{1}{2}\|z-x\| = \alpha - \frac{a^2}{2} < \alpha ,$$

d.h. x liegt im Halbraum $\{L < \alpha\}$. Wir wollen nun sehen, ob K ganz im offenen Halbraum $\{L > \alpha\}$ liegt. Für den Punkt z gilt dies sicherlich:

$$L(z) = L(\tfrac{1}{2}(x+z) + \tfrac{1}{2}(z-x)) = \alpha + \tfrac{1}{2}(z-x, z-x)$$
$$= \alpha + \frac{a^2}{2} > \alpha .$$

Ist nun $y \in K$ beliebig, so liegen die Punkte der Verbindungsstrecke von z und y auch in K. Das sind die Punkte der Form $y(\beta) = z + \beta(y-z)$ mit $0 \leq \beta \leq 1$. Wir berechnen

$$\|y(\beta)-x\|^2=(z-x+\beta(y-z),z-x+\beta(y-z))$$
$$=\|z-x\|^2+2\beta(z-x,y-z)+\beta^2\|y-z\|^2$$
$$=a^2+2\beta(y-z,z-x)+\beta^2\|y-z\|^2\,.$$

Wir wissen, daß dies quadratische Polynom in β für $0\le\beta\le 1$ stets $\ge a^2$ sein muß. Daraus folgt, daß seine erste Ableitung nach β bei $\beta=0$ nichtnegativ ist, und dies bedeutet $(y-z,z-x)\ge 0$, d.h. $L(y-z)\ge 0$, d.h. $L(y)\ge L(z)=\alpha+\dfrac{a^2}{2}$. Also ist $K\subseteq\{L>\alpha\}$ wie behauptet.

2. Um die zweite Aussage unseres Satzes zu beweisen, untersuchen wir die für den Beweis der ersten Aussage verwendete Konstruktion auf ihre Flexibilität. Die dort auftretende Linearform hatte die Gestalt $L(y)=(y,f)$ für einen passenden Vektor $0\neq f\in H$. Multipliziert man f mit dem Faktor $\gamma>0$, so erhält man eine Linearform $L'(y)=(y,\gamma f)$, und es wird $\{L=\alpha\}=\{L'=\gamma\alpha\}$. Indem wir $\gamma=\dfrac{1}{\|f\|}$ wählen, können wir annehmen, es gelte $\|f\|=1$. Sei nun x ein Randpunkt von K. Wir wählen $x^1,x^2,\ldots\in H\setminus K$ mit $\|x^k-x\|\to 0$ und bekommen zu jedem $k=1,2,\ldots$ gemäß 1. ein $f^k\in H$ mit $\|f^k\|=1$ sowie ein α_k derart, daß für $L_k(y)=(y,f^k)$ die Beziehungen $L_k(x^k)<\alpha_k$, $K\subseteq\{L_k>\alpha_k\}$ gelten. Nun ist nach der Schwarzschen Ungleichung $|L_k(x^k)|=|(x^k,f^k)|\le\|x^k\|\cdot\|f^k\|=\|x^k\|\le\|x\|+\|x^k-x\|$, was wegen $\|x^k-x\|\to 0$ beschränkt bleibt; also ist die Folge $\alpha_1,\alpha_2,\ldots$ nach unten beschränkt. Ist $y\in K$ fest gewählt, so folgt $\alpha_k<L_k(y)\le|L_k(y)|=|(y,f^k)|\le\|y\|\cdot\|f^k\|=\|y\|$, d.h. die Folge $\alpha_1,\alpha_2,\ldots$ ist auch nach oben beschränkt; sie besitzt also eine konvergente Teilfolge. Dasselbe kann man von der Folge $f^1,f^2,\ldots\in H$ sagen: Die „Kugelfläche" $\{y\,|\,\|y\|=1\}$ ist ja kompakt. Nach Übergang zu einer Teilfolge haben wir also ein $f\in H$ mit $\|f\|=1$ und ein α mit $\|f^k-f\|\to 0$, $\alpha_k\to\alpha$. Für den Punkt x deduzieren wir aus $(x^k,f^k)<\alpha_k$ im Limes $(x,f)\le\alpha$; für jeden Punkt $y\in K$ folgt aus $(y,f^k)\ge\alpha_k$ im Limes $(y,f)\ge\alpha$. Mit $L(y)=(y,f)$ erhalten wir also eine x und K trennende Hyperebene $\{L=\alpha\}$, wie behauptet.

3. Wir zeigen, daß ein topologisch innerer Punkt x von K kein Extremalpunkt von K ist. Dazu wählen wir ein beliebiges $0\neq y\in H$. Dann gehören die Punkte $x+\lambda y$ für hinreichend kleines $|\lambda|$ alle zu K. Also gibt es ein $\lambda>0$ mit $x+\lambda y$, $x-\lambda y\in K$. Der Mittelpunkt der Verbindungsstrecke dieser offenbar verschiedenen Punkte ist x.

Für unsere weiteren Überlegungen ist folgender Gedanke wichtig: Will man eine Aussage über konvexe Teilmengen endlichdimensionaler reeller linearer Räume H durch Induktion nach der Dimension n dieser Räume beweisen, so darf man Hyperebenen als (n – 1)-dimensionale lineare Räume betrachten. Das hat folgende Gründe:

1. Für jeden Vektor $x^0 \in H$ ist die Translations-Abbildung $T_{x^0}: x \to x + x^0$ von $H \to H$ umkehrbar eindeutig und umkehrbar stetig; sind $x^1, \ldots, x^r \in H$, $\alpha_1, \ldots, \alpha_r \geq 0$, $\alpha_1 + \cdots + \alpha_r = 1$, so ist

$$T_{x^0}(\alpha_1 x^1 + \cdots + \alpha_r x^r) = \alpha_1 T_{x^0} x^1 + \cdots + \alpha_r T_{x^0} x^r,$$

wie man sofort nachrechnet. Es ist also gleichgültig, ob man erst die Translation T_{x^0} ausübt und dann konvexe Linearkombinationen, konvexe Hüllen, abgeschlossene Hüllen etc. bildet oder umgekehrt. Insbesondere führt T_{x^0} konvexe Mengen in konvexe Mengen, abgeschlossene in abgeschlossene, kompakte in kompakte, Wände in Wände etc. über.

2. Ist $-x^0 \in H_1$, so ist $T_{x^0} H_1$ ein $(n-1)$-dimensionaler linearer Teilraum von H, d.h. die Hyperebene H_1 ist bis auf eine Translation, die aber nach 1. alle Konvexitätsbetrachtungen unberührt läßt, ein linearer Teilraum.

Von dieser allgemeinen Überlegung machen wir im folgenden freien Gebrauch.

2. Die Existenz von Extremalpunkten

Satz 4.5: *Sei H ein endlichdimensionaler reeller linearer Raum und $K \subseteq H$ konvex und kompakt. Dann enthält jede Wand von K mindestens einen Extremalpunkt von K. Ist also $K \neq \emptyset$, so enthält K mindestens einen Extremalpunkt von K.*

Beweis durch Induktion nach der Dimension n von H. Für $n=1$ ist H, bis auf eine triviale Identifikation, gleich der Menge R aller reellen Zahlen mit der üblichen Topologie, und K entweder einpunktig, oder ein kompaktes Intervall, dessen von K verschiedene Wände seine Endpunkte sind, das sind also auch die Extremalpunkte von K. Die Aussage des Satzes ist also für $n=1$ richtig. Angenommen, sie ist auch für die Dimension $n-1$ richtig. Sei nun H n-dimensional und W eine Wand von K. Wir wählen einen Randpunkt von W, legen eine Stützhyperebene H_1 an W durch x und erhalten als $W_1 = H_1 \cap W$ eine Wand von W (Satz 4.3), also auch von K (Satz 4.2). Wir können also gleich annehmen, W liege in einer Hyperebene H_1. Für Fragen der Konvexität können wir H_1 als $(n-1)$-dimensionalen reellen linearen Teilraum von H und W als konvexe kompakte Teilmenge dieses linearen Raumes auffassen. Nach Induktionsannahme enthält W einen Extremalpunkt von W; dieser ist nach Satz 4.2 auch ein Extremalpunkt von K.

3. Simplexe

Definition 4.6: Sei H ein reeller linearer Raum. Man sagt, die $r+1$ Punkte $x^0,\ldots,x^r\in H$ seien *in allgemeiner* Lage, wenn aus

$$\gamma_0 x^0+\cdots+\gamma_r x^r=0,$$
$$\gamma_0+\cdots+\gamma_r=0$$

stets $\gamma_0=\gamma_1=\cdots=\gamma_r=0$ folgt.

Offenbar kommt es hier auf die Numerierung der $x^0,\ldots,x^r$ nicht an.

Satz 4.7: *Sei H ein reeller linearer Raum und $x^0,\ldots,x^r\in H$. Dann sind folgende Aussagen äquivalent:*

1. *$x^0,\ldots,x^r$ sind in allgemeiner Lage.*
2. *$x^1-x^0,\ldots,x^r-x^0$ sind linear unabhängig.*
3. *Für jedes $\varrho=0,\ldots,r$ sind die Vektoren*

$$x^0-x^\rho,\ldots,x^{\rho-1}-x^\rho,x^{\rho+1}-x^\rho,\ldots,x^r-x^\rho$$

linear unabhängig.

4. *Aus*

$$\alpha_0 x^0+\cdots+\alpha_r x^r=\alpha'_0 x^0+\cdots+\alpha'_r x^r,$$
$$\alpha_0+\cdots+\alpha_r=1=\alpha'_0+\cdots+\alpha'_r$$

folgt stets $\alpha_0=\alpha'_0,\ldots,\alpha_r=\alpha'_r$.

Beweis: 1. ⇔ 2. – Eine Relation $\lambda_1(x^1-x^0)+\cdots+\lambda_r(x^r-x^0)=0$ läßt sich, mit $\gamma_0=-(\lambda_1+\cdots+\lambda_r)$, $\gamma_1=\lambda_1,\ldots,\gamma_r=\lambda_r$ auch auf die Form

$$\gamma_0 x^0+\cdots+\gamma_r x^r=0,$$
(1)
$$\gamma_0+\cdots+\gamma_r=0$$

bringen. Allgemeine Lage impliziert dann $\gamma_0=\cdots=\gamma_r=0$, also $\lambda_1=\cdots=\lambda_r=0$, d. h. die lineare Unabhängigkeit von $x^1-x^0,\ldots,x^r-x^0$. Letztere zieht umgekehrt $\lambda_1=\cdots=\lambda_r=0$ und damit $\gamma_0=\cdots=\gamma_r=0$ nach sich.

1. ⇔ 3. – Dies folgt aus 1. ⇔ 2., weil 1. von der Numerierung der $x^0,\ldots,x^r$ nicht abhängt.

4. ⇔ 1. – Die in 4. auftretenden Gleichungen implizieren

$$(\alpha_0-\alpha'_0)x^0+\cdots+(\alpha_r-\alpha'_r)x^r=0,$$
$$(\alpha_0-\alpha'_0)+\cdots+(\alpha'_r-\alpha'_r)=0.$$

Aus allgemeiner Lage folgt dann $\alpha_0-\alpha'_0=\cdots=\alpha'_r-\alpha'_r=0$, also $\alpha_0=\alpha'_0,\ldots,\alpha'_r=\alpha'_r$. Umgekehrt: Sei $\gamma_0 x^0+\cdots+\gamma_r x^r=0$, $\gamma_0+\cdots+\gamma_r=0$, jedoch nicht $\gamma_0 = \cdots = \gamma_r = 0$. Wir können dann etwa $\gamma_0, \ldots, \gamma_s > 0$, $\gamma_{s+1}, \ldots, \gamma_{s+t} < 0 = \gamma_{s+t+1} = \cdots = \gamma_r$, $\gamma_0 + \cdots + \gamma_s = 1$, $\gamma_{s+1} + \cdots + \gamma_{s+t} = -1$ annehmen. Setzen wir $\alpha_0 = \gamma_0, \ldots, \alpha_s = \gamma_s$, $\alpha_{s+1} = \cdots = \alpha_r = 0$, $\alpha'_0 = \cdots = \alpha'_s = 0$, $\alpha'_{s+1} = -\gamma_{s+1}, \ldots, \alpha'_{s+t} = -\gamma_{s+t}$, $\alpha'_{s+t+1} = \cdots = \alpha'_r = 0$, so bekommen wir die Gleichungen von 4. Aus 4. folgt $\alpha_0 = \alpha'_0 = 0, \ldots, \alpha_s = \alpha'_s = 0$, $0 = \alpha_{s+1} = \alpha'_{s+1}, \ldots, \alpha = \alpha_{s+t} = \alpha'_{s+t}$, woraus man $\gamma_0 = \cdots = \gamma_r = 0$ abliest.

Satz 4.8: *Sind die Punkte $x^0, \ldots, x^r$ des reellen linearen Raumes H in allgemeiner Lage, so sind sie gerade die sämtlichen Extremalpunkte von* $\operatorname{conv}(\{x^0, \ldots, x^r\})$.

Wir überlassen den Beweis dem Leser als Übung.

Definition 4.9: Sei H ein reeller linearer Raum. Dann wird die konvexe Hülle von $r+1$ Punkten aus H, die sich in allgemeiner Lage befinden, als das *r-dimensionale Simplex* mit den Ecken $x^0, \ldots, x^r$ bezeichnet.

Diese Definition des Simplex-Begriffes ist klassisch-üblich. Sie kommt der Anschauung entgegen, hat sich aber für Bestrebungen, den Simplexbegriff auf den unendlichdimensionale Fall, wie ihn die Funktionalanalysis braucht, zu übertragen, als ungünstig erwiesen. Es erhebt sich die Aufgabe, unter allen konvexen Mengen im R^n die Simplexe durch Bedingungen zu kennzeichnen, die sich für die gewünschten Verallgemeinerungen eignen. Wir gehen im gegenwärtigen Rahmen nicht näher darauf ein und verweisen den Leser auf Bauer [2].

4. Der klassische Satz von Minkowski

lautet:

Satz 4.10: *Sei K eine konvexe kompakte Teilmenge des n-dimensionalen reellen linearen Raumes H. Dann ist K gleich der konvexen Hülle seiner Extremalpunkte, genauer: Jeder Punkt $x \in K$ ist in einem Simplex, dessen (höchstens $n+1$) Ecken Extremalpunkte von K sind, enthalten.*

Beweis durch Induktion nach n. Ist $n=1$, so ist H, bis auf eine triviale Identifikation, die reelle Gerade, und K ein Punkt oder ein kompaktes Intervall positiver Länge, und damit selbst ein 0- oder 1-dimensionales Simplex; der Satz ist dann also richtig. Angenommen, er ist für die Dimension $n-1$ richtig. Nun liege K in einem n-dimensionalen Raum H. Jeder topologische Randpunkt x von K gehört nach Satz 4.3 und Satz 4.4 zu einer Wand W von K, die in einer Hyperebene, die wir hier nach einer früheren Bemerkung als $(n-1)$-dimensionalen linearen Raum behandeln dürfen, liegt; die Induktionsannahme sagt nun, daß x in einem (höchstens $(n-1)$-dimensionalen) Simplex liegt, dessen Ecken Extremalpunkte von W, und damit (Satz 4.2) auch von K sind. Beschäftigen wir uns also jetzt mit einem inneren Punkt x von K. Nach Satz 4.5 gibt es mindestens einen Extremalpunkt x^0 von K, und er muß nach Satz 4.4 von x verschieden sein. Wir betrachten die Punkte $y^\lambda=(1-\lambda)x^0+\lambda x$. Die y^λ mit $0\leq\lambda\leq 1$ bilden gerade die Verbindungsstrecke von x^0 und x, gehören also alle zu K. Aus Stetigkeitsgründen liegt y^λ nahe bei $x=y^1$, wenn λ nahe bei 1 liegt, und gehört damit zu K, weil x im Innern von K liegt. Es gibt also reelle $\lambda>1$ mit $y^\lambda\in K$. Andererseits kann, weil K kompakt ist, nicht der ganze von den y^λ mit $\lambda>0$ gebildete Halbstrahl in K liegen. Also ist $1<\lambda_1 \underset{\text{def}}{=\!=} \sup\{\lambda \mid y^\lambda\in K\}<\infty$ und aus Stetigkeits- und Kompaktheitsgründen ist $z^1=y^{\lambda_1}$ ein Randpunkt von K, kann also in einer Stützhyperebene H_1 von K untergebracht werden. Diese kann den inneren Punkt x von K nicht enthalten, und somit auch nicht den Extremalpunkt x^0, denn sonst würde auch der innere Punkt x als Element der Verbindungsstrecke von x^0 und z^1 zu H_1 gehören, was nicht geht. Damit können wir die Induktionsannahme anwenden und sehen, daß z^1 in einem höchstens $(n-1)$-dimensionalen Simplex liegt, dessen Ecken – nennen wir sie $x^1,\dots,x^r$ (mit $r\leq n$) – Extremalpunkte der durch Schneiden von H_1 mit K entstehenden Wand von K, also auch Extremalpunkte von K sind. Wenn wir nun zeigen können, daß sich $x^0,\dots,x^r$ in allgemeiner Lage befinden, so ist unser Satz bewiesen, denn dann sind das die Ecken eines Simplexes, das x offenbar enthält. Angenommen nun, es gelte $\gamma_0 x^0+\cdots+\gamma_r x^r=0$ für gewisse reelle γ_ρ mit $\gamma_1+\cdots+\gamma_r=0$. Ist hierbei $\gamma_0=0$, so folgt $\gamma_1 x^1+\cdots+\gamma_r x^r=0$, $\gamma_1+\cdots+\gamma_r=0$; da $x^1,\dots,x^r$ in allgemeiner Lage sind, folgt dann auch $\gamma_1=\cdots=\gamma_r=0$, und wir sind fertig. Ist dagegen $\gamma_0\neq 0$, so können wir nach Multiplikation mit einer Konstanten $\gamma_0=-1$, also

$$x^0=\gamma_1 x^1+\cdots+\gamma_r x^r,$$
$$\gamma_1+\cdots+\gamma_r=1$$

annehmen. Sei etwa $H_1=\{L=\alpha\}$. Es folgt

$$\begin{aligned}L(x^0)&=\gamma_1 L(x^1)+\cdots+\gamma_r L(x^r)\\ &=\gamma_1\alpha+\cdots+\gamma_r\alpha\\ &=(\gamma_1+\cdots+\gamma_r)\alpha=\alpha,\end{aligned}$$

d.h. $x^0\in H_1$, also ein Widerspruch. Damit ist alles gezeigt.

ist eigentlich ein Satz über kompakte konvexe Mengen in sog. separierten lokalkonvexen topologischen Vektorräumen. Da wir in die Theorie dieser Räume hier nicht einsteigen wollen, beweisen wir hier nur seinen endlichdimensionalen Spezialfall Satz 4.11. Dieser Spezialfall ist schwächer als Minkowskis Satz 4.10, verdankt aber eben diesem Umstande seine Verallgemeinerungsfähigkeit. Wir geben für Satz 4.11 einen Beweis, der alle wesentlichen Ideen eines im allgemeinen Falle anzuwendenden Beweises vorführt.

Satz 4.11 (Krein-Milman): *Sei K eine kompakte konvexe Teilmenge des endlichdimensionalen reellen linearen Raumes H. Dann ist K gleich dem (topologischen) Abschluß der konvexen Hülle seiner Extremalpunkte.*

Beweis: Sei K_0 der erwähnte Abschluß. Natürlich ist $K_0 \subseteq K$. Angenommen $K_0 \neq K$. Dann wählen wir einen Punkt $x \in K \setminus K_0$ und trennen ihn gemäß Satz 4.4 von K_0 strikt durch eine Hyperebene $\{L=\alpha\}$. Sei also etwa

$$L(y) < \alpha \quad (y \in K_0), \tag{1}$$

$$L(x) > \alpha\,. \tag{2}$$

Auf dem Kompaktum K nimmt die stetige Funktion L ihren Maximalwert α_0 in mindestens einem Punkte x^1 an. Wegen $x \in K$ und (2) gilt dann

$$\alpha_0 = \max_{y \in K} L(y) \geq L(x) > \alpha\,.$$

Die Hyperebene $\{L=\alpha_0\}$ erfüllt natürlich $L(y) \leq \alpha_0\,(y \in K)$ und enthält den Punkt $x^1 \in K$. Also ist $W=\{L=\alpha_0\} \cap K$ eine Wand von K. Wegen (1) ist $W \cap K_0 = \emptyset$. Andererseits enthält W nach Satz 4.5 mindestens einen Extremalpunkt von K. Da dieser zu K_0 zu gehören hat, ergibt sich ein Widerspruch.

Dieser Beweis stützt sich auf Satz 4.5, den wir durch vollständige Induktion nach der Dimension n bewiesen hatten. Dies ist ein typisch auf den endlichdimensionalen Fall zugeschnittenes Beweismittel. Wir skizzieren nun noch eine Methode zum Beweis von Satz 4.5, die stattdessen das von Endlichkeitsannahmen freie Zornsche Lemma verwendet und sich daher auf unendlichdimensionale Fälle verallgemeinern läßt. Sei K konvex und kompakt. Man sieht sofort: Der Durchschnitt eines beliebigen Systems von Wänden von K ist entweder leer oder wiederum eine Wand von K. – Zorns Lemma liefert unter Ausnützung der Kompaktheit von K die Existenz minimaler Wände von K. Damit sind solche Wände gemeint, die keine Wand von K als echte Teilwand enthalten. Nun zeigen wir: Jede minimale Wand U von K ist einpunktig, besteht also aus einem Extremalpunkt von K. Dies kann man so einsehen: Jede Linearform L ist auf U konstant, denn sonst könnte man nach einem im Beweis von Satz 4.11 angewandten Verfahren eine echte Teilmenge von U als Wand von U und damit von K erhalten. Da die Linearformen auf H die Punkte von H trennen, ist U einpunktig.

Literatur

1. Bauer, H.: Šilovscher Rand und Dirichletsches Problem. Ann. Inst. Fourier **11**, 89—136 (1961).
2. — Konvexität in topologischen Vektorräumen. Skriptum Hamburg 1964.
3. Bochner, S.: Vorlesungen über Fourier'sche Integrale. Leipzig: Akad. Verlagsges. 1932.
4. Bourbaki, N.: Espaces vectoriels topologiques, ch. I. II. Paris: Hermann 1953.
5. Bucy, R.S., Maltese, G.: Extreme positive definite functions and Choquet's representation theorem. J. Math. Anal. Appl. **12**, 371—377 (1965).
6. Choquet, G.: Existence et unicité des représentations intégrales au moyen des points extrémaux dans les cônes convexes. Sém. Bourbaki, décembre 1956.
7. — Le théorème de représentation intégrale dans les ensembles convexes compacts. Ann. Inst. Fourier **10**, 333—344 (1960).
8. — Les cônes convexes faiblement complets dans l'analyse, Proc. Internat. Congr. Math. 317—330, 1962.
9. — Lextures on Analysis, vol. II. New York-Amsterdam: Benjamin 1969.
10. — Deux exemples classiques de représentation intégrale. L'Enseignement Math. **XV**, 63—75 (1969).
11. Föllmer, H.: Die Integraldarstellung von Martin für Hunt-Prozesse mit Coprozeß. Diplomarbeit Erlangen 1967.
12. Gelfand, I.M., Raikov, D.: Irreducible unitary representations of arbitrary locally bicompact groups. Mat. Sb. N. S. **13**, 301—316 (1943).
13. Godement, R.: Les fonctions de type positif et la théorie des groupes. Trans. Amer. Math. Soc. **63**, 1—84 (1948).
14. Hervé, M.: Sur les représentations intégrales à l'aide des points extrémaux dans un ensemble compact convexe métrisable. C.R. Acad. Sci. Paris **253**, 366—368 (1961).
15. Heyer, H.: Dualität lokalkompakter Gruppen, Lecture Notes in Math. no. 150. Berlin-Heidelberg-New York: Springer 1970.
16. Jacobs, K.: Lecture Notes on Ergodic Theory, vol. I. Skriptum Aarhus: 1963.
17. Krein, M., Milman, D.: On extreme points of regular convex sets. Studia Math. **IX**, 133—138 (1940).

18. Meyer, P.A.: Processus de Markov, Lecture Notes in Math. no. 26. Berlin-Heidelberg-New York: Springer 1967.
19. Minkowski, H.: Ges. Abhandlungen, Bd. II. Leipzig-Berlin: Teubner 1911.
20. Phelps, R.R.: Lectures on Choquet's theorem. Princeton: van Nostrand 1966.
21. Weyl, H.: Gruppentheorie und Quantenmechanik. Leipzig: Hirzel 1928.

Trochoidenhüllbahnen und Rotationskolbenmaschinen

H. R. Müller

Die Geometrie vergangener Jahrhunderte zeigte ein lebhaftes Interesse an speziellen Kurven und Kurvenfamilien. Die Untersuchung ihrer Eigenschaften trug im Laufe der Zeit wesentlich zur Entwicklung nicht nur der Geometrie, sondern auch vieler anderer mathematischer Gebiete bei.

Vor gut zehn Jahren tauchten im Zusammenhang mit den schon von alters her bekannten Radlinien geometrische und kinematische Fragestellungen auf, die zu einer neuen, noch nicht bekannten und untersuchten Kurvenklasse führten. Besonders reizvoll erscheint die Aufgabe, in dieser Kurvenfamilie als Sonderfälle elementare Kurven, nämlich wiederum Radlinien aufzuspüren.

Nahezu zeitlich parallel, jedoch weitgehend unabhängig davon, ging das ernsthafte und erfolgreiche Bemühen von Technikern, einen funktionsfähigen und auch praktisch verwendbaren Verbrennungsmotor mit umlaufendem Kolben zu bauen. Mit dieser Aufgabe hatte man sich zwar schon lange zuvor beschäftigt. Es fehlte nicht an vielen Vorschlägen und Patenten für solche Maschinen, bei denen etwa in hohlen Kreiszylindern exzentrisch gelagerte kleinere Zylinder umlaufen sollten. Hierzu sollten noch weitere, oft recht komplizierte Konstruktionselemente treten, wie radial am inneren Zylinder angebrachte bewegliche Scheiben, Klappen, Rollen usf. All diese Entwürfe und Versuche führten jedoch zu keinem brauchbaren Ergebnis. Erst der geometrisch-kinematische Grundgedanke, Radlinien und ihre Hüllkurven bei Planetenbewegungen als Gehäuse- und Läuferprofile heranzuziehen, ließ nach Überwindung noch vieler technischer Schwierigkeiten (Fertigung, Dichtungsprobleme, Schmierungsfragen, Kühlung usf.) Maschinen entstehen, die in der Zukunft vielleicht noch eine große Rolle spielen werden.

§ 1. Radlinien

Radlinien oder *Trochoiden* wurden bereits im Altertum von den Astronomen, so etwa im zweiten Jahrhundert v. Chr. von Hipparchos von Nikaia und später – im zweiten Jahrhundert n. Chr. – von Ptolemaios von Alexandria betrachtet und zur Beschreibung der Bahnen der Wandelsterne benutzt. In neuerer Zeit, etwa seit dem 15. Jahrhundert waren diese Kurven vielfach Gegenstand von Untersuchungen, bei denen zahlreiche interessante Eigenschaften aufgedeckt wurden.

Eine Radlinie entsteht als Bahnkurve eines Punktes X, der mit einem beweglichen Kreis p starr verbunden ist, falls dieser Kreis im Äußern oder Innern eines anderen, als fest angenommenen Kreises p' der gleichen Ebene gleitungslos abrollt. Die erzeugten Kurven werden als *Epi-* oder *Hypotrochoiden* unterschieden, je nachdem ob Außen- oder Innenrollung vorliegt. Wird der erzeugende Punkt auf dem Umfang des rollenden Kreises gewählt, so besitzen die Radlinien Spitzen (Rückkehrpunkte) und werden als *Zykloiden* oder *gespitzte Radlinien* bezeichnet. Die Ausartung eines der beiden Rollkreise in eine Gerade führt zu *gemeinen Zykloiden* (wenn p' eine Gerade ist) bzw. zu *Kreisevolventen* (falls p eine gerade Linie ist). Je nach der Lage des beschreibenden Punktes spricht man auch von gestreckten, gespitzten oder verschlungenen Trochoiden[1].

Wir sehen die Ebene, in der sich die Kreisrollung — man sagt dafür auch *Planetenbewegung* — abspielt, doppelt, d. h. von zwei Exemplaren E und E' überdeckt an. Hierbei möge E mit dem rollenden Kreis p starr verbunden sein, während E' die Ebene des festen Kreises p', also selbst fest sei. Beide Ebenen wollen wir als *komplexe Zahlenebenen* (Gaußsche Zahlenebenen) auffassen. Wir denken uns in ihnen also rechtwinkelige cartesische Koordinaten eingeführt und jeweils zu komplexen Zahlen zusammengefaßt. Ein Punkt X werde in E nach Wahl eines Achsenkreuzes mit dem Ursprung O durch $x = x_1 + i x_2$, im System E' mit dem Koordinatennullpunkt O' durch $x' = x'_1 + i x'_2$ erfaßt $(i^2 = -1)$[2]. Unter Verwendung eines reellen Winkelparameters σ besitzt eine Radlinie k' der Ebene E' dann die Darstellung

$$x' = (m-1) a e^{i\sigma} + b e^{i(1-m)\sigma}. \tag{1}$$

Hierbei habe (vgl. Abb. 1) der rollende Kreis p den Halbmesser $r = a$, sein Mittelpunkt sei der Punkt O. Der feste Kreis p' besitze den Halbmesser $r' = m a = m r$ (m = reelle Zahl), der Mittelpunkt von p' liege in O'. Der Punkt X sei in E im Abstande $\overline{OX} = h = b \geq 0$ befestigt. (1) ist dann die komplexe Schreibweise der Vektorgleichung

$$\overrightarrow{O'X} = \overrightarrow{O'O} + \overrightarrow{OX}, \tag{1'}$$

---

[1] Die Bezeichnungen sind nicht völlig einheitlich und eindeutig.

[2] Wir beschränken uns auf reelle Punkte, die Koordinaten x_j, x'_j seien also selbst reell.

wobei die Vektoren $\overrightarrow{O'X}$, $\overrightarrow{O'O}$, $\overrightarrow{OX}$ den in (1) auftretenden komplexen Zahlen in der gleichen Reihenfolge entsprechen und der Rollbedingung Rechnung getragen wurde, d. h. die Übereinstimmung der aufeinander bereits abgerollten Bogenstücke von p und p' berücksichtigt wurde. Die Ausgangslage ($\sigma = O$) wurde zwecks Vereinfachung so gewählt, daß O_0 und X_0 auf die reellen Achsen von E, E' zu liegen kommen, in Abb. 1 also $\alpha = m\sigma$, $\alpha' = \sigma$ ist.

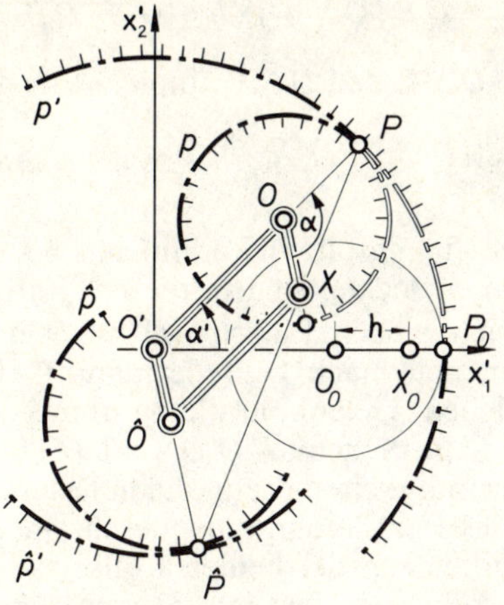

Abb. 1

Wir wollen noch übereinkommen, die Kreisradien r, r' mit Vorzeichen zu versehen: Liegen die beiden Kreise p, p' auf der gleichen Seite der jeweiligen gemeinsamen Tangente, so gelte $r \cdot r' > O$, andernfalls sollen die Radien r, r' von entgegengesetztem Vorzeichen sein ($r \cdot r' < O$).

Für $m > 1$ rollt der bewegliche Kreis p ganz im Innengebiet, für $m < 1$ jedoch im Außengebiet des festen Kreises p' (Innen- bzw. Außenrollung).

Für $m = 2$ erhalten wir im besonderen *Ellipsen*, die somit als Sonderfälle von Radlinien aufzufassen sind und für $r = h$, also $a = b$ in Strecken ausarten.

Im Hinblick auf die Vertauschbarkeit der Addition in (1) und (1′) können wir auch

$$(m-1)r = \hat{h}, \qquad h = (\hat{m}-1)\hat{r}, \qquad \sigma = (1-\hat{m})\hat{\sigma}, \qquad (1-m)\sigma = \hat{\sigma}$$

setzen und statt (1) auch

$$x' = (\hat{m}-1)\hat{r}\,e^{i\hat{\sigma}} + \hat{h}\,e^{i(1-\hat{m})\hat{\sigma}}$$

schreiben, was auf

$$(2)\quad \hat{r}=(m-1)h, \qquad \hat{h}=(m-1)r, \qquad \hat{m}=\frac{m}{m-1}, \qquad \hat{\sigma}=(1-m)\sigma$$

hinausläuft. Damit ist die *doppelte Erzeugung einer Radlinie* erkannt: Wie in Abb. 1 angedeutet, kann die vom Punkt X beschriebene Radlinie k' auch durch Rollung des Kreises $\hat{p}$ auf dem Kreis $\hat{p}'$ entstehen. Wegen

$$\overline{OP}:\overline{OX}=r:h=\overline{\hat{O}X}:\overline{\hat{O}\hat{P}}$$

sind die Dreiecke OXP und $\hat{O}\hat{P}X$ ähnlich. Für die Halbmesser gilt

$$(3)\qquad \hat{r}=(m-1)h=\frac{r'-r}{r}h, \qquad \hat{r}'=\hat{m}\hat{r}=mh=\frac{r'}{r}h.$$

Im besonderen ist für gespitzte Radlinien $r=h$ und somit $\hat{r}'=r'$. Die Kreise p' und $\hat{p}'$ decken sich in diesem Fall[3].

Denkt man sich in den Punkten $O, O', \hat{O}$ und X Gelenke angebracht, so kann man nach G. Bellermann (1867) die Radlinie k' mittels eines solchen Gelenkparallelogramms auch dadurch gewinnen, daß man die Schenkel $O'O$ und $O'\hat{O}$ um den Punkt O' mit Winkelgeschwindigkeiten dreht, die in festem Verhältnis stehen. Die vierte Ecke des Parallelogramms beschreibt dann die Radlinie.

Stehen die Radien r, r' der beiden Rollkreise p, p' in rationalem Verhältnis m, so kehrt das bewegte System E nach endlich vielen Umläufen wiederum in seine Ausgangslage E_0 zurück. Die Ebene E beschreibt gegenüber der Ebene E' nun einen *geschlossenen Bewegungsvorgang*, bei dem die Bahnkurven sämtlicher Punkte von E *geschlossene, algebraische Radlinien* sind.

Ist jedoch m irrational, so schließen sich die erzeugten Trochoiden nicht, sondern überdecken jeweils ein kreisring-förmiges Gebiet von E' überall dicht derart, daß sie jeden Punkt dieses Gebietes entweder enthalten oder ihm beliebig nahe kommen.

Die Radlinien bestehen aus endlich vielen bzw. unendlich vielen kongruenten Bogenstücken, die einer einmaligen vollständigen Abrollung von p auf p' entsprechen und durch Drehungen um O' zur Deckung gebracht werden können.

---

[3] Die Einteilung der Radlinien in Epi- und Hypotrochoiden ist mit der doppelten Erzeugungsweise verträglich, wenn wir die sogenannten *Peritrochoiden*, bei denen jeweils der feste Kreis ganz im Innern des Rollkreises liegt, als Epitrochoiden ansprechen. Für Peritrochoiden gilt $O<r'<r$ und somit $O<m<1$.

Wir gelangen somit wegen (3) zu

Epitrochoiden für $O<r'<r$ und $\hat{r}<O<\hat{r}'$ und zu

Hypotrochoiden für $O<r<r'$ und $O<\hat{r}<\hat{r}'$.

Bisher gingen wir von folgender Vorstellung aus: Die Radlinie k' entsteht als Bahnkurve des (einzigen) Punktes X von E, der in der Ausgangslage E_0 von E als Punkt X_0 aufscheint und im Koordinatensystem der Ebene E durch die reelle Zahl $b=h$ erfaßt wird.

Falls m keine ganze Zahl ist, wird jedoch die Kurve k' bei dem gleichen Rollvorgang E/E' auch von Punkten X_ν mit $\nu = \pm 1, \pm 2, \ldots$ beschrieben, für die die Größe b in der Parameterdarstellung (1) durch

(4) $$b_\nu = h e^{i(1-m)2\nu\pi} = h e^{-i2m\nu\pi}$$

ersetzt ist. Es ist nämlich nach (1) für $\sigma_\nu = \sigma + 2\nu\pi$

$$(m-1)\,a e^{i\sigma_\nu} + b e^{i(1-m)\sigma_\nu} = (m-1)\,a e^{i\sigma} + b_\nu e^{i(1-m)\sigma}.$$

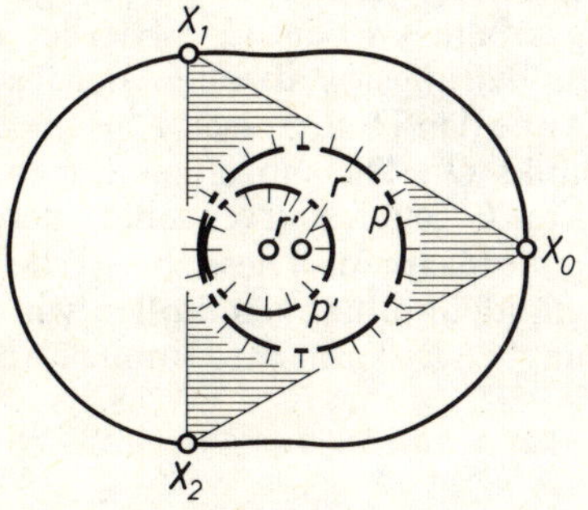

Abb. 2

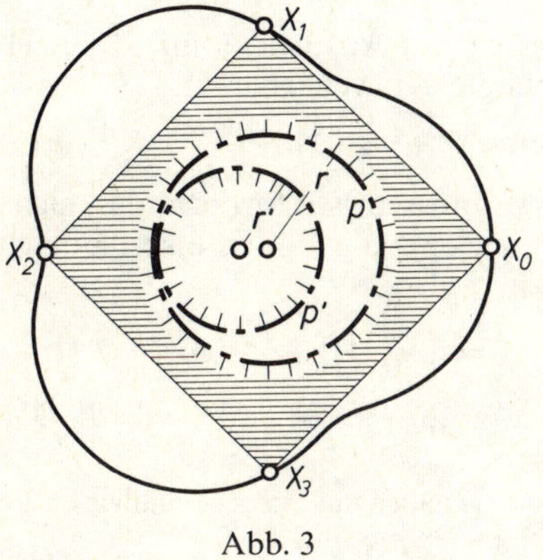

Abb. 3

In der Ebene E gehen diese Punkte X_ν aus dem Punkt X durch Drehungen um O mit ganzzahligen Vielfachen von $2(1-m)\pi$ als Drehwinkel hervor. Sie bilden die Eckpunkte eines regelmäßigen Polygonzugs, der sich bei rationalem m zu einem regelmäßigen Vieleck schließt[4]. Abb. 2 zeigt eine von den drei Eckpunkten eines gleichseitigen Dreiecks beschriebene zweibogige Epitrochoide ($m=2:3$). In Abb. 3 wird die dreibogige Epitrochoide ($m=3:4$) von den Ecken eines Quadrates bei der Bewegung E/E' durchlaufen.

§ 2. Trochoidenhüllbahnen

Nun unterwerfen wir die Ebene E' unter Mitnahme der in ihr liegenden und durch die Kreisrollung E/E' erzeugten Radlinie k' selbst wieder einer Kreisrollbewegung E'/E'' gegenüber einer nunmehr als fest angesehenen Ebene E''. Hierbei möge der Kreis p' auf einem Kreis p'' gleitungslos abrollen, der fest mit der Ebene E'' verbunden sei. p'' habe den Halbmesser $r''=na=nr$ ($n=$reelle Zahl) und den Mittelpunkt O''. Die einzelnen Lagen von k' bilden bei dieser Bewegung in E'' eine Kurvenschar, deren Einhüllende k'' wir als *Hüllbahn* bezeichnen. Diese bei Trochoidenbewegungen auftretenden Trochoidenhüllbahnen wollen wir nun betrachten.

Die Kreisrollung E'/E'' kann im Hinblick auf (1) durch

$$x''=(n-m)\,a\,e^{im\tau}+x'\,e^{i(m-n)\tau} \tag{5}$$

erfaßt werden. Die komplexe Zahl x' gehört hierbei zu einem Punkt X allgemeiner Lage von E'. Zwecks Vereinfachung lassen wir wiederum die reellen Achsen der Gaußschen Zahlenebenen E' und E'' in der durch $\tau=0$ bestimmten Ausgangslage zusammenfallen.

Durch Einsetzen des Ausdrucks für x' aus (1) ergibt sich diese von k' in E'' erzeugte Kurvenschar

$$x''=(n-m)\,a\,e^{im\tau}+(m-1)\,a\,e^{i[\sigma+(m-n)\tau]}+b\,e^{i[(1-m)\sigma+(m-n)\tau]}. \tag{6}$$

Für die Hüllkurve müssen wir fordern, daß sich die Tangenten an k' und k'' jeweils decken. Wir bilden also die partiellen Ableitungen nach σ bzw. nach τ, also

$$x'_\sigma=i(m-1)\left[a\,e^{i\sigma}-b\,e^{i(1-m)\sigma}\right], \tag{7'}$$

$$x''_\tau=i(n-m)\left[m\,a\,e^{im\tau}-x'\,e^{i(m-n)\tau}\right]. \tag{7''}$$

---

[4] Es handelt sich genauer um ein regelmäßiges q-Eck, falls $m=p:q$ mit ganzzahligen teilerfremden p, q und $q>0$.

Zum Vergleich beziehen wir nun diese beiden Größen etwa auf das Koordinatensystem in E'' und haben dann noch anzusetzen, daß die den komplexen Zahlen

$$x''_\sigma = x'_\sigma e^{i(m-n)\tau} \tag{8}$$

und x''_τ entsprechenden Vektoren von gleicher Richtung sind. Deuten wir die Bildung des Konjugiums — wie üblich — durch Überstreichen an, so muß also gelten

$$x''_\sigma \bar{x}''_\tau - \bar{x}''_\sigma x''_\tau = 0. \tag{9}$$

Dies führt mit (7′), (7″) und (8) nach einigen Umformungen zur Berührungsbedingung in der Form

$$(e^{i\sigma} - e^{in\tau})\left[a e^{i(m-1)\sigma} + a e^{i(m\sigma - n\tau)} - b e^{-in\tau} - b e^{i(2m-1)\sigma}\right] = 0. \tag{10}$$

Daraus kann man entnehmen: *Die gesamte Hüllkurve k'' besteht* je nach dem Verschwinden des ersten oder zweiten Faktors in (10) *aus zwei von Natur aus verschiedenen Teilkurven.*

1. Das Verschwinden des ersten Faktors (...) führt zu

$$\sigma = n\tau + 2\nu\pi \qquad (\nu = 0, \pm 1, \pm 2, \dots) \tag{11}$$

und liefert somit Hüllkurvenbestandteile k''_1, deren Darstellung

$$x'' = (n-1) a e^{it} + b e^{i[(1-n)t + 2m\nu\pi]} \tag{12}$$

man durch Einsetzen von (11) in (6) findet. Hierbei fungiert $t = m\tau$ als Parameter.

Die Transformation

$$t = t' + 2\nu\pi \frac{m}{n}$$

entspricht der Wahl eines anderen Parameternullpunktes und führt zu

$$x'' = e^{i\frac{m}{n}2\nu\pi}\left[(n-1) a e^{it'} + b e^{i(1-n)t'}\right]. \tag{12′}$$

Aus (12) ersehen wir, daß *diese Hüllbahnkomponenten k''_1 wiederum Radlinien* sind. Es hängt von den Zahlen m und n ab, ob endlich viele oder unendlich viele kongruente Radlinien auftreten. Wie ein Blick auf (1) und (4) erkennen läßt, entstehen diese Kurven auch als Bahnkurven jener Punkte X_ν in der Ebene E'', die auf der Radlinie k' beim Rollvorgang E/E' wandern, falls man den Kreis p nunmehr unter Mitnahme der Punkte X_ν auf dem Kreis p'' abrollen läßt.

Der Hüllkurvenanteil k''_1 ist also wiederum als Punktbahn einer Planetenbewegung E/E'' erzeugbar und besteht genau aus jenen trivialen Hüllbahnen, die auf Grund des klassischen Prinzips von

Camus entstehen und etwa den zusammengehörigen Zahnprofilen bei der Zykloidenverzahnung entsprechen. Für $n=1$ artet k_1'' in eine Folge diskreter Punkte aus, die die Eckpunkte eines regelmäßigen Vielecks bzw. Polygonzugs in E'' bilden. Beim Bewegungsvorgang E'/E'' wird die Radlinie so geführt, daß sie ständig durch diese Stützpunkte hindurchgleitet.

2. Nun setzen wir in der Bedingung (10) den zweiten Faktor [...] Null: Die dadurch vermittelte Koppelung der Werte σ und τ führt zu einer Resthüllkurve k_2'', der nun unser Interesse gilt.

Durch Auflösen nach $e^{i\tau}$ gelangen wir leicht zu einer Parameterdarstellung mit σ als Parameter, die man etwa zu einer punktweisen Berechnung der Kurve benützen kann. Auf Grund einfacher Umformungen lassen sich Symmetrien dieser Resthüllkurven untersuchen. Man stellt fest, daß sie aus drehsymmetrisch angeordneten kongruenten Zweigen besteht. Man kann diese Kurve auch mit beliebiger Genauigkeit punktweise graphisch konstruieren, man gewinnt jedoch auf diese Art keinerlei Aussage über die Natur der Kurve. *Im allgemeinen bilden diese Resthüllkurven wohl eine Kurvenfamilie* von großem Formenreichtum[5], *auf die man in anderem Zusammenhang noch nicht gestoßen ist.*

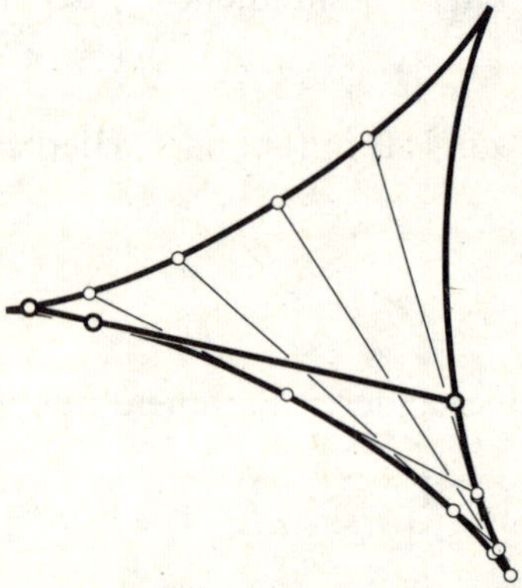

Abb. 4

Man kennt jedoch schon seit langer Zeit *Sonderfälle*, in denen *diese Resthüllkurve k_2'' selbst wieder eine Radlinie* ist. Der einfachste Fall, der hier zu erwähnen ist, betrifft die bekannte Eigenschaft einer *dreispitzigen Hypozykloide* (sogenannte Steinersche Zykloide),

[5] Man kann für diese Kurven keine sozusagen typische Gestalt angeben. Vgl. die zahlreichen Abbildungen solcher Kurven in den Arbeiten von W. Wunderlich, J. Hoschek und P. Meyer (Literaturverzeichnis!).

daß *die in ihrem Inneren liegenden Tangentenabschnitte konstante Länge besitzen.* Man kann also, wie in Abb. 4 dargestellt, in einer solchen Radlinie unter ständiger Berührung eine Strecke fester Länge so herumführen, daß ihre Endpunkte auf der gleichen Kurve wandern[6].

1902 bemerkte M. Fréchet [1] bei Behandlung von Fragen aus dem Gebiet der Dreiecksgeometrie, daß *sich in einer solchen Steinerschen Zykloide bei dreipunktiger Berührung Ellipsen stetig umwenden lassen und dabei selbst Planetenbewegungen ausführen.* Wir gelangen zu diesem Fall, wenn wir in unseren Formeln $m=2$ und $n=3$ setzen. Die Hüllbahnkomponente k_1'', die nach Camus durch Rollung von p auf p'' entsteht, ist eine verschlungene Trochoide mit der Darstellung

$$x'' = 2ae^{it} + be^{-2it}, \tag{13}$$

sie ist in Abb. 5, wo $a:b=2:3$ gewählt wurde, strichliert eingezeichnet. Daß es sich bei k_2'' tatsächlich um eine Steinersche Zykloide handelt, ist aus unseren Formeln noch nicht unmittelbar ablesbar,

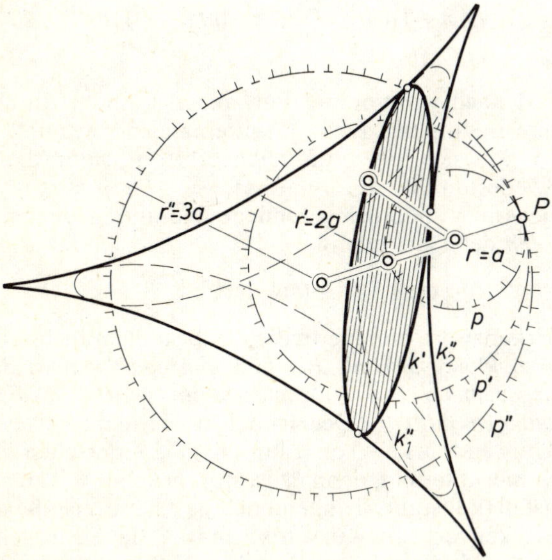

Abb. 5

[6] Es scheint eine noch offene Frage zu sein, ob durch diese Eigenschaft die Steinerschen Zykloiden bereits gekennzeichnet sind oder ob es noch andere solche Kurven gibt.

wir werden darauf jedoch noch in allgemeinerer Weise zurückkommen. Im früher erwähnten Grenzfall ($a=b$) arten die Ellipsen in Strecken fester Länge aus (Abb. 4). Die dreispitzige Hypozykloide wird durch (13) mit $a=b$ dargestellt.

Hieran anschließend stellte sich W. Wunderlich [2] 1959 die Frage, *unter welchen Bedingungen die Resthüllkurve einer Radlinie, die einer Planetenbewegung unterworfen wird, selbst wiederum eine Radlinie ist.* Er zeigte über einen Umweg, daß dies für $n=2m-1$ eintritt. Er gelangte auf diese Weise zu gespitzten Radlinien als Resthüllbahnen k_2''. J. Hoschek [3] vereinfachte 1963 den Beweis von Wunderlich durch Einführung eines zusätzlichen Parameters und konnte mit seiner Hilfe auch Symmetrieeigenschaften der allgemeinen Resthüllbahnen feststellen. Mit P. Meyer [4] läßt sich die für k_2'' kennzeichnende Bedingung umformen. Man multipliziere den Null gesetzten Ausdruck [...] aus (10) mit

$$(m-n)\,e^{i[(1-m)\sigma+m\tau]}$$

und füge das Produkt zu (6) hinzu. Dann ergibt sich folgende Form der Resthüllkurvengleichung

$$\begin{aligned} x'' = {} & (2m-n-1)\,a\,e^{i[\sigma+(m-n)\tau]}-(m-n-1)\,b\,e^{i[(1-m)\sigma+(m-n)\tau]} \\ & -(m-n)\,b\,e^{im(\sigma+\tau)}. \end{aligned} \tag{14}$$

Hierbei sind nach wie vor die Parameter σ und τ durch die aus (10) folgende Bedingung $[...]=0$ miteinander verknüpft.

Aus (14) läßt sich nun unmittelbar ablesen, wann die Resthüllkurve k_2'' wiederum eine Radlinie ist:

2.1: Die von Wunderlich gefundene Bedingung $n=2m-1$ führt auf *Zykloiden* der Darstellung

$$x''=b\left[m\,e^{i(1-m)s}+(m-1)\,e^{ims}\right], \qquad s=\sigma+\tau. \tag{15}$$

Es ist bemerkenswert, daß hierin die Größe a nicht mehr vorkommt, *die gleiche Zykloide also als Resthüllbahn einer ganzen Schar (mit a als Scharparameter) von Ausgangsradlinien und zugehörigen Planetenbewegungen auftritt.* Der früher noch nicht abgeschlossene Fall der Umwendbarkeit von Ellipsen in Steinerschen Zykloiden ordnet sich hierunter ein, denn es ist nur $m=2$, $n=3$ zu setzen. Im Ausartungsfall (konstante Tangentenlänge einer dreispitzigen Hypozykloide) decken sich die Kurven k_1'' und k_2'', die eigentliche Berührung der bewegten Strecke mit $k_1''=k_2''$ zählt doppelt, während die Endpunkte der Strecke auf k_2'' gleiten (vgl. Abb. 5).

Jede Radlinie läßt sich nach früherem in zweifacher Weise als Punktbahn erzeugen. Dies folgerten wir aus der Darstellung einer Radlinie in der Form einer Summe zweier komplexer Zahlen, deren Reihenfolge wir vertauschen können. Aus den gleichen Gründen erkennen wir auch eine *doppelte Erzeugungsweise einer Zykloide als Resthüllkurve* des von Wunderlich gefundenen Typus $n=2m-1$.

Wir identifizieren hierzu die Darstellung (15) der Zykloide mit

$$x'' = b^* \left[m^* e^{i(1-m^*)s^*} + (m^*-1) e^{i m^* s^*}\right],$$

indem wir

$$bm = b^*(m^*-1), \quad b(m-1) = b^* m^*, \quad (1-m)s = m^* s^*, \quad ms = (1-m^*)s^*$$

setzen. Diese Bedingungen sind miteinander verträglich und führen auf

$$b^* = -b, \quad m^* = 1-m, \quad s^* = s.$$

Somit tritt unsere Zykloide (15) einmal als Resthülle des ursprünglich betrachteten Bewegungsvorgangs und der dabei bewegten Radlinie mit beliebigem a und den Werten $b, m, n=2m-1$ auf, dann aber auch bei der durch beliebiges a^* und die Werte $b^*=-b$, $m^*=1-m$, $n^*=2m^*-1=1-2m$ gekennzeichneten Trochoidenhüllbahn.

2.2: Durch die Radienbedingung $n=m-1$ in der Darstellung (14) fand P. Meyer [4] eine weitere Klasse von Planetenbewegungen, bei denen die bewegten Radlinien k' wiederum Radlinien k_2'' als Resthüllen besitzen. Ihre Darstellung lautet nach (14)

$$x'' = m a e^{is} - b e^{ims}, \quad s = \sigma + \tau. \tag{16}$$

Für $a \neq b$ handelt es sich um *Trochoiden allgemeiner Art. Auch eine solche Radlinie tritt noch auf eine zweite Weise als Resthülle des gleichen Typus auf*. Durch einen entsprechenden Ansatz gelangen wir, ähnlich wie früher, zu

$$a^* = -mb, \quad b^* = -ma, \quad m^* = \frac{1}{m}, \quad n^* = m^* - 1 = \frac{1-m}{m}, \quad s^* = ms.$$

Im *Sonderfall* $a=b$ ist schon die Ausgangsradlinie k' nach (1) eine *Zykloide. Ihre Spitzen gleiten auf der durch* (16) *gegebenen Kurve* k_2'', *die ebenfalls eine Zykloide ist*. Dies kann man, wie folgt, einsehen:

Für die Spitzen von k' verschwindet die Ableitung x'_σ, woraus wir wegen (7′)

$$\sigma = \frac{2\mu\pi}{m} \quad (\mu = 0, \pm 1, \pm 2, \ldots) \tag{17}$$

und nach (1)

$$x' = m a e^{i\frac{2\mu\pi}{m}}$$

finden. Man sieht nun sofort, daß für diese Punkte die Darstellung (5) in (16) übergeht, die Spitzen von k' also auf k_2'' wandern. Da die Berührungsbedingung (9) nun in trivialer Weise erfüllt ist, können wir hier schlecht von einer eigentlichen Resthüllkurve sprechen, die von den einzelnen Lagen von k' berührt wird. k' und k_2'' bilden vielmehr ein *Gleitkurvenpaar*.

Man erkennt leicht die Wechselseitigkeit der Beziehungen eines solchen Paares von Zykloiden: Für die bewegte Zykloide k' fungieren umgekehrt die Spitzen von k_2'' als Stützpunkte, durch sie gleitet also k' bei der Bewegung E'/E'' ständig hindurch. Wir gelangen zu diesen Spitzen von k_2'' für

$$(18) \qquad s = \sigma + \tau = \frac{2\nu\pi}{m-1} \qquad (\nu = 0, \pm 1, \pm 2, \ldots).$$

2.3: Für $a = b$ vereinfacht sich auch Gleichung (10), die unhandliche Bedingung $[\ldots] = 0$ für die Resthüllkurve zerfällt in

$$(19) \qquad (e^{-in\tau} - e^{i(m-1)\sigma}) \cdot (e^{im\sigma} - 1) = 0.$$

Das Verschwinden des ersten Faktors bedeutet

$$n\tau = (1-m)\sigma + 2\nu\pi \qquad (\nu = 0, \pm 1, \pm 2, \ldots).$$

Der Übergang zu einem neuen Parameter t durch die Beziehung $m\sigma = nt$ führt mit (6) oder (14) zu folgender Darstellung der Resthülle der betrachteten Zykloidenschar

$$(20) \qquad x'' = a e^{i\frac{m}{n}2\nu\pi} \left[(n-m+1) e^{i(1-m)t} + (m-1) e^{i(n-m+1)t}\right].$$

Je nachdem ob $m:n$ *ganzzahlig, rational (jedoch nicht ganz) oder irrational ist, besteht die Resthülle aus einer, endlich vielen* (>1) *oder abzählbar unendlich vielen kongruenten Zykloiden.* Sie bilden im allgemeinen mit der bewegten Ausgangszykloide k' ein echtes Hüllkurvenpaar.

Ist jedoch die schon betrachtete Radienbedingung $n = m-1$ erfüllt, so arten die Zykloiden (20) aus. Sie schrumpfen auf Punkte zusammen, die als Eckpunkte eines regelmäßigen Vielecks bzw. Polygonzuges angeordnet sind. Wir erhalten aus (20) die Punkte

$$x'' = (m-1) a e^{i\frac{2\nu\pi}{m-1}} \qquad (\nu = 0, \pm 1; \pm 2, \ldots),$$

durch welche die Ausgangszykloide k' ständig hindurchgeht. Auf diese Stützpunkte sind wir bereits durch (18) gestoßen, nur traten sie dort als Spitzen von k_2'' auf.

Durch Nullsetzen des zweiten Faktors in (19), also für die daraus folgende Bedingung (17), gelangen wir – genau wir früher – zu den Spitzen der Ausgangszykloide k'. Bei der Bewegung E'/E'' beschreiben sie in trivialer Weise Zykloiden, jedoch ist im Gegensatz zu früher (Abschnitt 2.2) n beliebig wählbar. Ihre Darstellung

$$x'' = a\left\{(n-m)e^{im\tau} + m e^{i\left[(m-n)\tau + \frac{2\mu\pi}{m}\right]}\right\} \tag{21}$$

kann durch die Parametertransformation

$$\tau = t + \frac{2\mu\pi}{mn}$$

auch in die Form

$$x'' = a e^{i\frac{2\mu\pi}{n}} \left[(n-m)e^{imt} + m e^{i(m-n)t}\right] \tag{21'}$$

gebracht werden.

Wir fassen die Ergebnisse über die mehrfache Erzeugbarkeit von Radlinien zusammen:

Eine allgemeine Radlinie entsteht in zweifacher Weise als Punktbahn. Sie kann ebenfalls in doppelter Weise als Resthüllkurve einer Schar von kongruenten Radlinien auftreten, die durch eine geeignete Planetenbewegung ineinander übergehen. Hierbei besteht die Radienbedingung $n=m-1$.

Eine Zykloide ist in zweifacher Weise als Resthüllkurve einer einparametrigen Schar von Ausgangsradlinien und zugehörigen Planetenbewegungen mit der Radienbedingung $n=2m-1$ *und beliebigem* $r=a$ *erzeugbar. Eine Zykloide kann aber auch auf zweierlei Art als Gleitkurve der Spitzen einer bewegten Zykloide aufgefaßt werden, wenn die Bedingung* $n=m-1$ *zugrunde gelegt wird. Die bewegte Zykloide gleitet hierbei ihrerseits durch die Spitzen der Ausgangszykloide. Schließlich kann man eine Zykloide auch noch gemäß Formel* (20) *oder* (21) *in jeweils zweifacher Weise als Resthülle (bzw. Gleitkurve der Spitzen) einer bewegten Zykloide bei beliebigen Radienverhältnissen* m *und* n *erhalten.*

Die bisher behandelten Fragestellungen über Trochoidenhüllbahnen lassen sich in verschiedener Hinsicht erweitern und verallgemeinern. P. Meyer [5] und J. Hoschek [6] untersuchten folgende Fälle:

1. Einer der drei Rollkreise p, p', p'' artet in eine Gerade aus.
2. An die Stelle von p und p'' treten Gerade, während p' ein Kreis mit endlichem Radius ist.
3. Die Radlinie k' entstehe durch Rollung des Kreises p auf dem Kreis p'. Nun unterwerfe man k' einer Planetenbewegung E'/E'', die durch Rollen eines zu p' konzentrischen Kreises $\tilde{p}'$ auf p'' entsteht.

4. Wie bisher wird die Radlinie k' von E' einer Planetenbewegung E'/E'' unterworfen. Anschließend läßt man die Ebene E'' selbst wieder eine Kreisrollbewegung E''/E''' ausüben und fragt nach der Einhüllenden der bisher betrachteten Hüllbahnen k'' in der Ebene E'''.

5. Die bisher behandelten Fragestellungen werden auf Radlinien und Planetenbewegungen höherer Ordnung übertragen.

6. Die bisher behandelten Fragestellungen werden in die sphärische Kinematik übertragen.

§ 3. Rotationskolbenmaschinen

Bisher hatten wir nach jenen Sonderfällen von Radlinien und Planetenbewegungen gefragt, bei denen die Resthüllkurve der bewegten Radlinie selbst wiederum eine Radlinie ist, also in eine „*elementare*" Kurve ausartet. Nunmehr richten wir den Blick auf einen *Sonderfall* anderer Art: Eine Radlinie k' möge durch das Rollen eines Kreises p vom Radius $r=a$ auf einem Kreis p' mit dem Radius $r'=ma$ entstehen. Nun unterwerfen wir k' einer Planetenbewegung E'/E'', bei der p' auf einem Kreis p'' vom Radius $r''=a$ abrollt, somit also $n=1$ (in der früheren Bezeichnungsweise) gilt. Wir lassen also k' genau die *Umkehrbewegung* E'/E der k' erzeugenden Rollbewegung E/E' vollführen und betrachten in der ursprünglichen Gangebene $E=E''$ das Hüllgebilde von k'. Wir wollen es wiederum mit k'' bezeichnen. Wir können diesen Vorgang leicht auch anschaulich realisieren: Wir denken uns einen kräftigen Draht in Gestalt der Kurve k' geformt und die Ebene E mit einem feinen Pulver überstäubt. Bei der Bewegung E'/E wird von der mitgeführten Kurve k', d. h. also von dem bewegten Draht ein Teil des Pulvers in der Ebene E nach außen weg- bzw. nach innen zusammengeschoben. Das dieser Art blank gefegte Gebiet der Ebene E wird von der Hüllkurve k'' berandet. In Abb. 6 ist das Ergebnis dieses Vorgangs für den Fall der zweibogigen Epitrochoide $(m=2:3)$ und in Abb. 7 für die dreibogige Trochoide $(m=3:4)$ anschaulich dargestellt.

Die Bedingung $n=1$ bewirkt in unseren Formeln einige Vereinfachungen: Wegen (11), d.h. nunmehr

$$\sigma=\tau+2\nu\pi \qquad (\nu=0, \pm 1, \pm 2, \ldots) \tag{22}$$

reduziert sich der *Camus*-Anteil k_1'' des Hüllgebildes gemäß (12) auf die Punkte X_ν mit

$$x_\nu=x_\nu''=b\, e^{i2m\nu\pi}\,. \tag{23}$$

Diese Punkte sind als Ecken eines regelmäßigen Polygonzuges (Polygons) angeordnet und wandern bei der Planetenbewegung E/E' auf der Ausgangsradlinie k'.

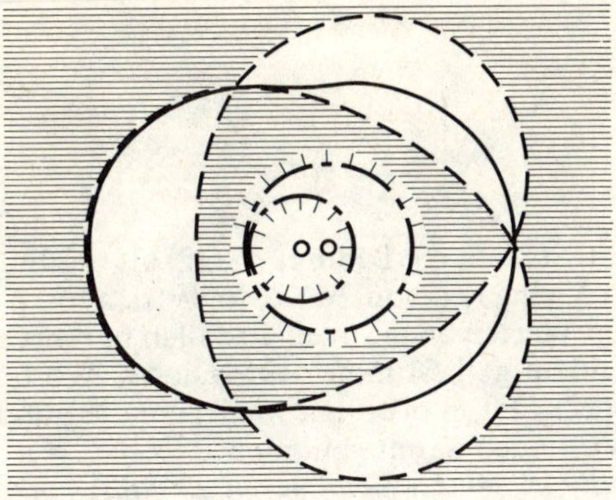

Abb. 6

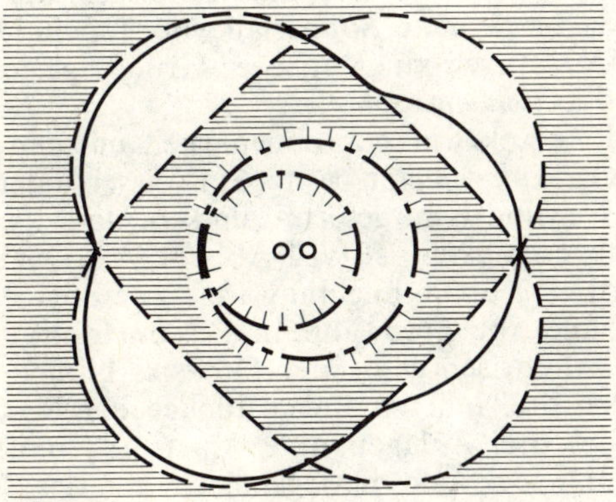

Abb. 7

Für $n=1$ vereinfacht sich die Berührungs- bzw. Gleitbedingung (10) $[\ldots]=0$ für die Resthülle k_2'' nicht wesentlich. Wir können sie in die Form bringen

$$(24) \qquad (-a+b\,e^{im\sigma})\,e^{i\tau}=(a-b\,e^{-im\sigma})\,e^{i\sigma}.$$

Mit (6) ergibt sich für k_2'' die Darstellung

$$(25) \qquad x''=(m-1)\,a(e^{i(\sigma-\tau)}-1)\,e^{im\tau}+b\,e^{i(1-m)(\sigma-\tau)},$$

der wir den *allgemeinen Charakter* der Kurve k_2'' entnehmen. Mit (24) erkennen wir auch die Möglichkeit, $m\sigma = s$ als neuen Parameter einzuführen.

Im besonderen nimmt (24) die Form

$$-a + b e^{im\sigma} = a - b e^{-im\sigma}$$

oder

$$\cos m\sigma = \frac{a}{b} \tag{26}$$

an, falls zusätzlich noch die Bedingung (22) als erfüllt gefordert wird. Sehen wir von Vielfachen von 2π ab, so werden für $a < b$ durch (26) diese speziellen Werte von $m\sigma$ reell ausfallen und bis auf den Faktor ± 1 (also zweideutig) bestimmt sein. Diesen Werten entsprechen aber, wie aus (22), (25) sofort folgt, wiederum die durch (23) erfaßten Punkte X_ν. Wir haben damit gefunden:

Die Resthülle k_2'' geht zweimal durch die Stützpunkte X_ν hindurch. Bei der Umkehrbewegung gleitet nämlich die Radlinie k' ständig durch die Punkte X_ν hindurch, die somit als Stützpunkte fungieren und Doppelpunkte der Resthüllbahn k_2'' sind (vgl. Abb. 6 und Abb. 7).

Der soeben betrachtete Sonderfall von Trochoidenhüllbahnen bildet die geometrisch-kinematische Grundlage der *Rotationskolben-* oder *Trochoidenmaschinen.*

Der von F. Wankel in Zusammenarbeit mit den *NSU-Werken* entwickelte *Kreiskolbenmotor* besitzt ein wasser- oder luftgekühltes Gehäuse, das zylindrisch geformt und beiderseits durch ebene Stirnwände abgeschlossen ist (vgl. Abb. 8). Als Querschnitt dieses Zylinders wird eine überschneidungsfreie zweibogige Epitrochoide (wie in Abb. 2 und Abb. 6) gewählt. In diesem Hohlraum bewegt sich ein ebenfalls zylindrisch geformter Dreiecks-Läufer, dessen Querschnitt aus den drei inneren Bogenstücken der Resthüllkurve gebildet wird. Die drei Anlagepunkte X_0, X_1, X_2 bilden hierbei ein gleichseitiges Dreieck und bewegen sich auf der Trochoide, sie beschreiben eine Planetenbewegung. An den entsprechenden Stellen des Läufers sind Dichtleisten angebracht, die den Raum zwischen Dreiecks-Läufer und Gehäuse in drei sichelförmige Arbeitsräume von veränderlichem Volumen unterteilen.

Der Läufer vollzieht eine Planetenbewegung gegenüber dem Gehäuse, die einmal durch die gleitende Führung der Dichtleisten längs der inneren Gehäusewand, dann aber auch durch das rollende Gleiten der beiden zylindrischen Hüllflächen bestimmt ist, wobei die Inhalte der drei Kammern periodische Änderungen erfahren. Die im Gehäuse angebrachten Einlaß- und Auslaßkanäle werden von den Läuferkanten gesteuert und bewirken im Verein mit der gegenüberliegend eingefügten Zündkerze, daß sich in den drei Kammern Viertaktprozesse, ähnlich wie in einem Dreizylinder-Viertakt-Otto-Motor, abspielen können. – In der Praxis läßt man in die zylindrischen Wandungen des Läufers noch muldenförmige Vertiefungen zu dem Zwecke ein, das gewünschte Verdichtungsverhältnis zu erzielen und die Überströmgeschwindigkeit des Gases in jener Lage des Läufers zu beeinflussen, bei der Einlaß- und Auslaßkanal über diese Wanne miteinander in Verbindung stehen.

Um nun die durch den Expansionsvorgang im Verbrennungsraum bewirkte Planetenbewegung des Dreiecksläufers in eine rotierende Bewegung umzuwandeln, die sich an einer Achse abnehmen läßt, muß noch ein weiterer Mechanismus eingefügt werden. Er entspricht der Erzeugung der Planetenbewegung durch rollende Kreise und vermeidet auch eine zu rasche Abnutzung bei einer nur

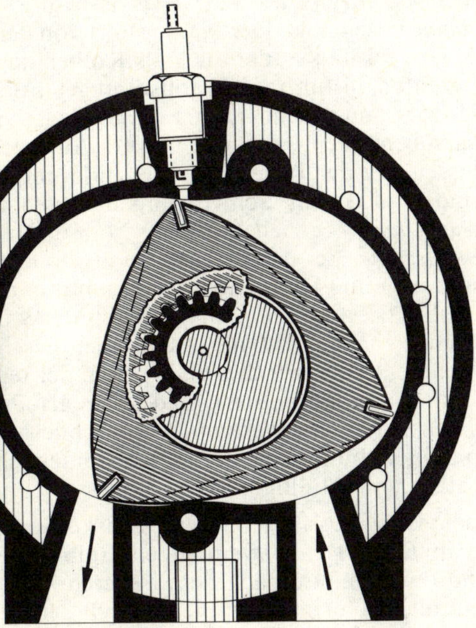

Abb. 8

durch gleitende Teile (Dichtleisten, Hüllflächenberührung) bedingten Führung. Man bildet die beiden Rollkreise, deren Radien sich wie 2:3 verhalten, als *Zahnräder* aus, bei denen sich die Anzahlen der Zähne ebenfalls wie 2:3 verhalten. Das große Zahnrad (entsprechend dem Rollkreis p in der vorangehenden Betrachtung) wird als Innenverzahnung am Läufer um dessen Mitte ausgebildet. Das kleinere Zahnrad (Ritzel), das p' entspricht, wird konzentrisch mit der Gehäuseachse an einer Stirnwand fest angebracht. In Abb. 8 sind die zum Gehäuse gehörenden Teile voll schwarz ausgeführt. Die Gehäuseachse wird nun beim *NSU-Wankel-Motor* als Welle ausgebildet und in den Stirnwänden des Gehäuses gelagert. Sie bildet den dritten beweglichen Bestandteil des Motors. Mit ihr ist eine *Exzenterscheibe* derart starr verbunden, daß Läuferachse und Exzenterachse sich decken. In Abb. 8 sind Läufer und Exzenter durch verschieden starke Schraffierung voneinander unterschieden und die Lauffläche der Exzenterscheibe im Dreiecksläufer durch zwei eng beieinanderliegende konzentrische Kreise angedeutet. Die Planetenbewegung des Läufers gegenüber dem Gehäuse wird so in eine rotierende Bewegung der Motorwelle umgeformt.

Der eben beschriebene *NSU-Wankel*-Motor wird als *Kreiskolbenmaschine* bezeichnet. Der Name rührt von der Kreisbewegung her, die der Dreiecksläufer, der auch als Kolben angesprochen wird, um den Exzenter ausführt. Zur vollständigen Auswuchtung eines solchen Motors muß dem Läufer eine Gegenmasse (Schwungmasse) gegenüberstehen. Eine viel bessere Auswuchtung der rotierenden Massen, bei der Lager und Wellen kaum durch Fliehkräfte belastet sind und kaum Schwingungen entstehen, kann durch *kinematische Umkehr* erzielt werden. Man gelangt dadurch zur *Drehkolbenmaschine*, bei der Gehäuse und Dreiecksläufer sich bewegen, und zwar reine Drehbewegungen um ihre parallelen Achsen ausführen, die ortsfest gelagert sind. Obwohl F. Wankels Rotationskolbenmaschine zuerst (1958) als Drehkolbenmaschine nach diesem Prinzip arbeitete, treffen wir diesen Typus in der technischen Praxis meist nur mit Fremdantrieb an, und zwar als Pumpen, Gebläse, Verdichter usf. So finden wir etwa in Automobilen *(Ford, Rover)* Ölpumpen mit einem fünfbogigen Hypotrochoidengehäuse und einem „Viereck" als innerer Hüllfigur.

Bei einem von Borsig gebauten Kreiskolbenkompressor wird ein Läufer in Gestalt der zweibogigen Epitrochoide von Abb. 6 gewählt und das Gehäuse nach dem äußeren Teil der zugehörigen Trochoidenhülle geformt. Es bieten sich viele Möglichkeiten, Radlinien und ihre Hüllgebilde zur Erzeugung von Gehäuse- und Läuferprofilen zu verwenden. Die Ausgangsradlinie muß hierzu *geschlossen* und *überschneidungsfrei* sein. Dies ist gewährleistet, wenn für Epitrochoiden und ihre Hüllkurven das Übersetzungsverhältnis $m = \frac{j}{j+1}$ (j = natürliche Zahl), also der Quotient aufeinanderfolgender natürlicher Zahlen ist, oder bei Hypotrochoiden und ihren Hüllen $m = \frac{j+1}{j}$ (j = natürliche Zahl) gilt. Hierzu kommt noch die schon früher bemerkte Bedingung $a < b$. Entsprechend der zweiten Erzeugungsweise einer Radlinie als Punktbahn lassen sich diese Bedingungen auch so aussprechen: ganzzahlige Radienverhältnisse und Umkehr der Größenbeziehung zwischen Trochoidenarmlänge und Rollkreisradius.

Der Techniker stellte sich die Frage nach dem *Inhalt* des Flächenstückes, das bei einer beliebigen Stellung des Dreiecksläufers im *NSU-Wankel-Motor* vom Gehäusequerschnitt und dem Läuferquerschnitt zwischen einer Ecke des Läufers, wo ja eine Dichtleiste angebracht ist, und dem Berührungspunkt des Hüllkurvenpaares berandet wird. Bei Kenntnis dieses Flächeninhaltes und somit des entsprechenden Kammervolumens kann auf die Überströmgeschwindigkeiten der Gase geschlossen werden. Wie P. Meyer [7] zeigte, kann dieser Inhalt mit einer auf Gauss und J. Steiner zurückgehenden Formel für eine große Klasse von Radlinien und Hüllbahnen exakt berechnet werden. Erstaunlicherweise gelangt man zu relativ einfach gebauten Formeln, die nur elementartranszendente Funktionen etwa des Parameters σ enthalten.

Literatur

1. Fréchet, M.: Sur quelques propriétés de l'hypocycloide à trois rebroussements. Nouv. Ann. **61**, 206—217 (1902).
2. Wunderlich, W.: Über Gleitkurvenpaare aus Radlinien. Math. Nachr. **20**, 373—380 (1959).
3. Hoschek, J.: Über Gleitkurven von Radlinien 2. Stufe. Math. Nachr. **27**, 1—8 (1963).
4. Meyer, P.: Über Hüllkurven von Radlinien. Dissertation Braunschweig 1966.
   — Über Hüllkurven von Radlinien. Arch. Math. **18**, 651—662 (1967).
5. — Elementare Gleitkurven bei Planetenbewegungen. ZAMM **48**, 134—135 (1968).
   — On sliding curves of trochoids. J. of Mechanisms **3**, 291—306 (1967).
   — Über Hüllkurven von Radlinien höherer Stufe. ZAMM **47**, 416—418 (1967).
6. Hoschek, J., Lübbert, Chr.: Gleitkurven von sphärischen Radlinien zweiter Stufe. Math. Nachr. **40**, 191—200 (1969).
7. Meyer, P.: Über das Kammervolumen bei Rotationskolbenmaschinen. Österr. Ing. Arch. **18**, 256—263 (1964).

Über die Geometrie der Radlinien

Blaschke, W., Müller, H. R.: Ebene Kinematik. München 1956.
Müller, H. R.: Kinematik. Sammlg. Göschen Bd. **584/584a.** Berlin: de Gruyter 1963.
Strubecker, K.: Differentialgeometrie I. Sammlg. Göschen Bd. **1113/1113a.** Berlin: de Gruyter 1964.

Über Rotationskolbenmaschinen

Baier, O.: Die Kinematik der Drehkolben- und Kreiskolbenmaschinen und ihre Fertigungsmöglichkeiten. VDI-Berichte **45**, 31—37 (1960).
Froede, W.: Kreiskolbenmotoren Bauart NSU-Wankel. MTZ **22**, 1—10 (1961).
— Auszüge aus neueren Entwicklungsarbeiten am Kreiskolbenmotor, Bauart NSU/Wankel. MTZ **24**, 113—123 (1963).
Wankel, F., Froede, W.: Bauart und gegenwärtiger Entwicklungsstand einer Trochoiden-Rotationskolbenmaschine. MTZ **21**, 33—45 (1960).
Wankel, F.: Einteilung der Rotationskolbenmaschinen. Stuttgart: Deutsche Verlags-Anstalt, Abteilung Fachverlag 1963.

Sach- und Namenverzeichnis

„f" bedeutet, daß das betr. Wort oder der betr. Name auch noch auf der folgenden Seite auftritt. „ff" bedeutet, daß das betr. Wort oder der betr. Name mindestens auf den beiden folgenden Seiten, evtl. bis zur vierten folgenden Seite auftritt.

Symbolverzeichnis

Im Symbolverzeichnis erscheinen die Symbole, die im Sachverzeichnis nicht einzuordnen waren. Es erscheinen nur die Seiten, auf denen die Symbole definiert werden.

Heidelberger Taschenbücher

Mathematik

12 B. L. van der Waerden: Algebra I. 8. Auflage der Modernen Algebra. DM 10,80

15 L. Collatz/W. Wetterling: Optimierungsaufgaben. DM 10,80

23 B. L. van der Waerden: Algebra II. 5. Auflage der Modernen Algebra. DM 14,80

26 H. Grauert/I. Lieb: Differential- und Integralrechnung I. 2. Auflage. DM 12,80

30 R. Courant/D. Hilbert: Methoden der mathematischen Physik I. 3. Auflage. DM 16,80

31 R. Courant/D. Hilbert: Methoden der mathematischen Physik II. 2. Auflage. DM 16,80

36 H. Grauert/W. Fischer: Differential- und Integralrechnung. II. DM 12,80

38 R. Henn/H. P. Künzi: Einführung in die Unternehmensforschung I. DM 10,80

39 R. Henn/H. P. Künzi: Einführung in die Unternehmensforschung II. DM 12,80

43 H. Grauert/I. Lieb: Differential- und Integralrechnung III. DM 12,80

44 J. H. Wilkinson: Rundungsfehler. DM 14,80

49 Selecta Mathematica I. Verf. und hrsg. von K. Jacobs. DM 10,80

50 H. Rademacher/O. Toeplitz: Von Zahlen und Figuren. DM 8,80

51 E. B. Dynkin/A. A. Juschkewitsch: Sätze und Aufgaben über Markoffsche Prozesse. DM 14,80

64 F. Rehbock: Darstellende Geometrie. 3. Auflage. DM 12,80

65 H. Schubert: Kategorien I. DM 12,80

66 H. Schubert: Kategorien II. DM 10,80

67 Selecta Mathematica II. Hrsg. von K. Jacobs. DM 12,80

73 G. Pólya/G. Szegö: Aufgaben und Lehrsätze aus der Analysis I. DM 12,80

74 G. Pólya/G. Szegö: Aufgaben und Lehrsätze aus der Analysis II. 4. Auflage. DM 14,80

80 F. L. Bauer/G. Goos: Informatik. Erster Teil. DM 9,80

86 Selecta Mathematica III. Hrsg. von K. Jacobs. DM 12,80

87 H. Hermes: Aufzählbarkeit, Entscheidbarkeit, Berechenbarkeit. 2. Auflage. DM 14,80

91 F. L. Bauer/G. Goos: Informatik. Zweiter Teil. DM 12,80

93 O. Komarnicki: Programmiermethodik. DM 14,80

Physik – Chemie – Technik

1 M. Born: Die Relativitätstheorie Einsteins. 5. Auflage. DM 10,80

2 K. H. Hellwege: Einführung in die Physik der Atome. 3. Auflage. DM 8,80

6 S. Flügge: Rechenmethoden der Quantentheorie. 3. Auflage. DM 10,80

7/8 G. Falk: Theoretische Physik I und Ia auf der Grundlage einer allgemeinen Dynamik.
Band 7: Elementare Punktmechanik (I). DM 8,80
Band 8: Aufgaben und Ergänzungen zur Punktmechanik (Ia). DM 8,80

9 K. W. Ford: Die Welt der Elementarteilchen. DM 10,80

10 R. Becker: Theorie der Wärme. DM 10,80

11 P. Stoll: Experimentelle Methoden der Kernphysik. DM 10,80

13 H. S. Green: Quantenmechanik in algebraischer Darstellung. DM 8,80

16/17 A. Unsöld: Der neue Kosmos. DM 18,—

19 A. Sommerfeld/H. Bethe: Elektronentheorie der Metalle. DM 10,80

20 K. Marguerre: Technische Mechanik. I. Teil: Statik. DM 10,80

21 K. Marguerre: Technische Mechanik. II. Teil: Elastostatik. DM 10,80

22 K. Marguerre: Technische Mechanik. III. Teil: Kinetik. DM 12,80

27/28 G. Falk: Theoretische Physik II und IIa.
Band 27: Allgemeine Dynamik. Thermodynamik (II). DM 14,80
Band 28: Aufgaben und Ergänzungen zur Allgemeinen Dynamik und Thermodynamik (IIa). DM 12,80

30 R. Courant/D. Hilbert: Methoden der mathematischen Physik I. 3. Auflage. DM 16,80

31 R. Courant/D. Hilbert: Methoden der mathematischen Physik II. 2. Auflage. DM 16,80

33 K. H. Hellwege: Einführung in die Festkörperphysik I. DM 9,80

34 K. H. Hellwege: Einführung in die Festkörperphysik II. DM 12,80

37 V. Aschoff: Einführung in die Nachrichtenübertragungstechnik. DM 11,80

52 H. M. Rauen: Chemie für Mediziner – Übungsfragen. DM 7,80

53 H. M. Rauen: Biochemie – Übungsfragen. DM 9,80

55 H. N. Christensen: Elektrolytstoffwechsel. DM 12,80

59/60 C. Streffer: Strahlen-Biochemie. DM 14,80

63 Z. G. Szabó: Anorganische Chemie. DM 14,80

71 O. Madelung: Grundlagen der Halbleiterphysik. DM 12,80

72 M. Becke-Goehring/H. Hoffmann: Komplexchemie. DM 18,80

75 Technologie der Zukunft. Hrsg. von R. Jungk. DM 15,80

79 E. A. Kabat: Einführung in die Immunchemie und Immunologie. DM 18,80

81 K. Steinbuch: Automat und Mensch. 4. Auflage. DM 16,80

85 W. Hahn: Elektronik-Praktikum. DM 10,80